国家自然科学基金青年科学基金项目(51304112)
国家自然科学基金面上项目(52374204)
辽宁工程技术大学研究生教育教学改革研究项目

封闭型地质构造诱发煤与瓦斯突出机理

张春华 著

中国矿业大学出版社
· 徐州 ·

内容提要

本书针对地质构造诱发煤与瓦斯突出力学作用机理，阐述了国内外煤与瓦斯突出研究现状，分析了地质构造对煤体力学性质及煤与瓦斯突出的影响，提出了封闭型地质构造的概念，建立了典型的石门巷道揭含封闭型地质构造煤层突出理论模型，开展了封闭型地质构造诱发煤与瓦斯突出的相似模拟和数值模拟试验，阐释了封闭型地质构造诱发煤与瓦斯突出的机理，并结合若干煤与瓦斯突出实际案例进行了应用。

本书适合高等学校安全工程、采矿工程等相关专业的教师、研究生和本科生参考使用，也可供从事煤矿瓦斯防治研究人员和现场工程技术人员参考使用。

图书在版编目(CIP)数据

封闭型地质构造诱发煤与瓦斯突出机理 / 张春华著. 徐州 ：中国矿业大学出版社，2025. 4. — ISBN 978 - 7 - 5646 - 6731 - 3

Ⅰ. TD712

中国国家版本馆 CIP 数据核字第 2025QA5632 号

书　　名　封闭型地质构造诱发煤与瓦斯突出机理
著　　者　张春华
责任编辑　陈红梅
出版发行　中国矿业大学出版社有限责任公司
（江苏省徐州市解放南路　邮编 221008）
营销热线　(0516)83885370　83884103
出版服务　(0516)83995789　83884920
网　　址　http://www.cumtp.com　**E-mail**:cumtpvip@cumtp.com
印　　刷　江苏凤凰数码印务有限公司
开　　本　787 mm×1092 mm　1/16　**印张** 9　**字数** 171 千字
版次印次　2025 年 4 月第 1 版　2025 年 4 月第 1 次印刷
定　　价　45.00 元

前　言

我国化石能源中，煤炭资源量占比高达 95％，“相对富煤、贫油、少气”的能源禀赋决定了煤炭作为我国主体能源的地位在短期内不会改变。据中国煤炭工业协会发布的《2023 煤炭行业发展年度报告》，2023 年全国原煤产量为 47.1 亿 t，同比增长 3.4％；全国煤炭进口量为 4.74 亿 t，同比增长 61.8％，煤炭产量和进口量两大数据均创历史新高，煤炭的安全稳定供应有力支撑了我国经济社会平稳健康发展。“十四五”时期以来，原煤占我国一次能源生产总量的比重始终保持在 65％以上，在未来相当长时期内，煤炭作为我国主体能源的地位不会改变。

我国复杂地质开采条件煤层占 70％，可供开采的绿色煤炭资源量仅有 5 000 亿 t 左右，开采工作受瓦斯、冲击地压、火灾和水灾等威胁严重。我国目前有 1 128 座灾害严重生产煤矿，据统计，在国有重点煤矿中，高瓦斯、突出矿井数量约占 49.8％。与其他国家相比，我国煤层的瓦斯含量大、瓦斯压力高、透气性低，而且松软低透气性、高瓦斯煤层约占我国煤炭资源总量的 60％，这给我国煤炭资源的安全高效开采带来了严重的威胁。近十年，我国煤矿安全形势整体向好，年事故次数降至 10 以下，年死亡人数少于 40 人。但总体上我国煤与瓦斯突出事故死亡人数在煤矿事故总死亡人数中的占比仍较高。

据统计，大约 90％以上的突出和地质构造有关，另外，我国约 80％的重、特大型煤与瓦斯突出均发生在石门揭煤过程中，如果待揭煤层前方处在地质构造复杂地带，煤与瓦斯突出的强度和危害性会大大增加。目前，人们对于易导致煤与瓦斯突出的地质构造有何共性特征，其诱发突出的力学机制是什么，仍未有一个系统的、统一的认识。本书在总结前人工作的基础上，分析归纳不同类型地质构造在诱发煤与瓦斯突出方面的共性特征，建立封闭型地质构造的统一概念和力学模型，开展封闭型地质构造诱发煤与瓦斯突出物理模拟和数值模拟试验，阐明封闭型地质构造诱发煤与瓦斯突出的机理，并列举了相关现场案例。主要内容简述如下：

第1章　总结分析了国内外突出研究现状，并针对性分析了石门揭煤突出研究现状。

第2章　阐述了地质构造对煤体力学性质及煤与瓦斯突出影响的基础理论。

第3章　介绍了石门揭含封闭型地质构造煤层突出理论模型的构建。

第4章　介绍了石门揭含封闭型地质构造煤层突出试验系统平台的构建。

第5章　总结分析了石门巷道揭含封闭型地质构造煤层围岩力学特性相似模拟试验的结果和规律。

第6章　介绍了石门揭含封闭型地质构造煤层围岩力学特性数值模拟试验的结果和规律。

第7章　结合大平煤矿"10·20"、弘霖煤矿"6·27"和其他煤矿揭煤发生的煤与瓦斯突出事故实际案例，对封闭型地质构造诱发煤与瓦斯突出机理进行了应用分析。

第8章　给出本书的主要结论及展望。

在本书编写过程中，得到了业内前辈和同行的大力支持，在此表示衷心的感谢。团队研究生陈金全、吴鑫、肖聆伊和刘浩杰等参与了本书的排版、整定工作。

本书的研究内容得到了国家自然科学基金青年基金项目(51304112)、国家自然科学基金面上项目(52374204)和辽宁工程技术大学研究生教育教学改革研究项目的资助，在此表示感谢。

限于能力和水平，书中难免存在不妥和错误之处，敬请广大读者批评指正。

著　者

2024年7月

目　录

第 1 章 绪 论

1.1 引言

煤炭是一种化石能源，也是我国的基础能源，约占一次能源总量的 65%左右，尽管煤炭在总能源消费中的比例持续下降，但在今后相当长时期内仍将占据我国主体能源的地位。2000 年以来，我国原煤产量由 14 亿 t 增加至 2024 年的 47 亿 t，已成为世界上最大的产煤和用煤国家。长期以来，煤炭有力支撑了我国经济和社会发展，但在煤炭开发过程中会伴随着多种灾害事故的威胁，如瓦斯突出、瓦斯爆炸、自燃火灾、煤尘爆炸、顶板垮落等。

1834 年，法国鲁阿尔煤田伊萨克矿井发生了世界上第一次有记载的煤与瓦斯突出（以下简称“突出”）。截至 2024 年年底，全世界已有 22 个国家和地区共发生约 40 000 次突出。

1950 年我国吉林辽源矿务局发生第一次突出事故以来，70 多年来共发生 20 000 余次突出事故，我国已经成为目前世界上突出灾害最为严重的国家。截至 2024 年，我国有煤矿 4 366 座，其中高瓦斯矿井 751 处，突出矿井 714 处，高突危险性矿井占 33.55%。2000 年以来，我国共发生重、特大型突出事故近 30 次，几乎都发生在揭煤和掘进施工巷道，见表 1-1。

2014 年到 2023 年，我国共发生突出事故 56 次，死亡人数 296 人，同比前 10 年分别下降了 80.5%、86.1%。每起突出事故的平均死亡人数为 5.2 人，由 2014 年的 7.4 人/起降至 2023 年的 3.3 人/起。总体来说，我国目前煤矿安全形势整体趋向好转，但突出事故死亡人数在煤矿事故总死亡人数中的占比仍较高，突出事故平均死亡人数总体上仍大于瓦斯事故，因此突出事故防治仍然是煤矿安全工作的重中之重。

当今世界上许多产煤国的矿井已进入了深部开采，我国也一样，如安徽、江苏、辽宁等省份矿区的部分矿井。有关资料显示，截至2024年，我国已有200余座矿井开采深度超过800 m，50余座矿井超过1 000 m，未来5～10年还将新建30余座千米矿井。在深部开采条件下，开采工程会面临高地应力、高孔隙压力、高地层温度、低抗扰动性等恶劣的环境，突出、冲击地压等动力灾害威胁更大。

表1-1　2000年以来发生的重、特大型突出事故

突出时间	矿井名称	施工方式	突出煤（岩）量/t	突出瓦斯量/$10^4\ m^3$	死亡人数/人
2002-04-07	淮北芦岭煤矿	石门揭煤	10 500	123	13
2004-10-20	郑州大平煤矿	岩巷掘进（误揭煤层）	1 894	25	148（继发瓦斯爆炸）
2006-01-05	淮南谢李深井	立井揭煤	2 831	29.3	12
2007-04-19	峰峰大淑村矿	煤巷掘进	1 270	9.3	17
2007-04-20	邯郸陶二矿	煤巷掘进	475	6.5	11
2007-04-21	登封新丰二矿	平巷技改	—	—	37
2007-11-12	平顶山十矿	回采	2 000	18.3	12
2008-08-01	平禹四矿	煤巷掘进	1 800	12.4	23
2009-05-30	松藻同华煤矿	石门揭煤	3 000	28.5	30
2009-11-21	龙煤新兴煤矿	岩巷掘进（误揭煤层）	3 098	16.6	108（继发瓦斯爆炸）
2010-03-31	河南伊川煤矿	煤巷掘进	—	—	44（继发瓦斯爆炸）
2010-08-02	三元东煤矿	煤巷掘进	240	2.2	16
2010-08-03	明阳煤矿	煤巷掘进	—	—	16
2010-10-16	平禹四矿	煤巷掘进	2 500	18	37
2011-04-02	2130煤矿	煤巷掘进	—	—	10
2011-11-10	师宗私庄煤矿	煤巷掘进	1 813	25.8	43
2012-11-24	响水煤矿	煤巷掘进	450	4	23
2012-12-05	富源上厂煤矿	煤巷掘进	—	—	17
2013-01-18	金佳煤矿	煤巷掘进	1 571	33.11	13
2013-03-12	马场煤矿	煤巷掘进	800	30	25
2013-09-30	曲江煤矿	煤巷掘进	405	3.648	11
2014-03-21	长虹矿业	煤巷掘进	970	3	13
2014-06-11	新华煤矿	石门揭煤	1 010	12	10
2014-10-05	新田煤矿	煤巷掘进	1 700	8	10

表 1-1(续)

突出时间	矿井名称	施工方式	突出煤(岩)量/t	突出瓦斯量/$10^4 m^3$	死亡人数
2015-08-11	政忠煤矿	煤巷掘进	—	—	10
2016-03-06	松树镇煤矿	煤巷掘进	—	—	12
2017-01-04	兴峪煤矿	煤巷掘进	254	0.594	12
2018-08-06	梓木戛煤矿	煤巷掘进	—	—	13
2019-12-16	广隆煤矿	煤巷掘进	—	—	16

根据相关资料统计，在各类巷道突出中，石门突出发生的次数不是最多的，但就石门揭煤本身发生突出的相对次数和突出强度的均值来说，却是最大的，且大多数重、特大煤与瓦斯突出都发生在石门揭煤过程中。这是因为石门揭穿煤层前的掘进施工是在岩巷，掘进工作面前方一定厚度的岩柱仍具有较大的承载能力，随着掘进工作面的推进，前方围岩的应力梯度增加；此时，前方围岩的透气性进一步降低，待揭煤层中的瓦斯难以自由排出，待揭煤层中的瓦斯压力接近原始煤层瓦斯压力，随着掘进工作面的推进，围岩内瓦斯压力梯度陡增，上述过载状态的煤体被突然打开时，极易发生突出。特别是当石门待揭煤层处在地质构造影响区域内，煤层瓦斯地质赋存条件复杂多变，不可预见因素增多，更易诱发突出事故。

石门揭煤突出强度大，危害性高，诱发原因复杂，目前关于地质构造影响下石门揭煤突出的研究还不够深入和系统，很多成果仍停留在现场观察和理论推理阶段。因此，深入研究地质构造影响下石门揭煤过程中围岩力学特性和突出过程，对认识复杂地质条件下石门揭煤突出机理，有效采取综合防突措施和保障石门揭煤工程安全，具有十分重要的理论指导意义和应用价值。

1.2 国内外突出研究现状

1.2.1 国外实验室突出试验研究

1951年，霍多斯(Khodot)等在实验室内开展了世界上第一次突出试验；1953年，斯科钦斯基(Skochinski)研究所公布了该试验研究成果。突出试验模型材料选取的是具有突出倾向性的玛祖卡(Mazurka)煤层，试验过程中几乎所有的煤都随着突出喷出，实验室的玻璃窗被打碎，甚至窗户框架也被损坏，碎煤被抛出 66 m 远的距离，2 500 m^3 的实验室内煤尘弥漫，突出后的前 10～15 min 内室内能见度为零。该试验为以后的突出的实验室研究指明了方向。

1955 年，Kravchenko[1]利用截面为正方形的钢制压力容器进行了突出试验。煤样(或型煤)的尺寸为 200 mm×40 mm×40 mm，注入瓦斯(CO_2)直到吸附平衡，容器瓦斯压力达到 2～5 MPa，容器一段的密封挡板被冲破，煤体突然暴露于大气压力下，引起暴露面附近的煤体破碎，破碎层向深部迅速传播，而在相反方向喷出了瓦斯和碎煤。Kravchenko 测定了类似爆破揭煤情况下煤样的破碎速度与煤体强度、孔隙率、吸附特性和瓦斯压力之间的关系，得出结论：抽采瓦斯和避免突然揭露煤层是防止突出的最佳措施。

1957 年，Botham[2]选用的煤样直径为 51 mm，高为 19 mm。他在试验中选用了 3 种类型的煤样：易突出的脆煤、可突出的硬煤和不易突出的煤炭。试验选用的气体为 CO_2、CH_4 和 N_2。充气时，首先往装有煤样的突出容器内充入 3.52 MPa 的瓦斯压力，吸附 75 d 以上；然后用液压活塞进行力学加载，使气体压力迅速提高至 3.87 MPa 时，煤样出现了破裂。结果表明，含 CO_2 的煤最容易突出，含 N_2 的煤没有表现出较明显的破碎迹象。

1958 年，Yartsev[3]开展了实验室突出试验，装置的直径为 56 mm，高为 100 mm。煤样采自突出煤层，充气饱和时间为 10 min～1 h，瓦斯压力为 0.5～4.0 MPa。在设定的时间点，突然将直径为 1.2 cm 的塞子拔掉，随即煤从通道口喷出。Yartsev 指出，在煤矿井下的煤体内并不一定必须存在高瓦斯压力或地应力才可以造成突出，在煤体暴露面内只要出现一个 0.5～4.0 MPa 的瓦斯压力的突然降低，就足以引发突出或煤体崩解。

1960 年，Kuroiwa 等[4]利用粉煤压制的型煤进行了实验室诱发突出试验。试验装置为圆柱形，体积为 120 cm^3，使用的气体为 CH_4。在不同瓦斯压力(0.5 MPa、1.0 MPa、1.5 MPa、2.0 MPa、2.5 MPa 和 3.0 MPa)状态下，将挡板突然打破，从而诱发突出。主要结论：a. 在突出过程中，煤体内部的瓦斯突然释放和突出时产生气流的猛烈冲击、剧烈摩擦，造成喷出煤粒的粉碎程度较高；b. 在突出发生瞬间，瓦斯压力的变化越大，喷出的煤粒就越小；c. 煤体的可碾碎性决定了突出煤的粉碎程度；d. 突出煤体的粉碎程度随着瓦斯释放量增加而增大。

1988—1990 年，Bodziony 等[5-7]利用粒径 0.2 mm 的粉煤制成的型煤进行了突出试验。突出装置的直径为 96.4 mm，长度为 281 mm。当移去操纵杆，装置突然打开，突出发生，沿着型煤长度方向上设置 4 个测点，获取瓦斯压力的变化。主要结论：a. 煤体的孔隙率、抗拉强度和抗压强度之间是相互影响的；b. 突出的主要诱因是新暴露面处煤体的瓦斯压力大于型煤的抗拉强度，该结论与 Khristianovich[8-9]准则是相符的；c. 在其他条件相同的情况下，赋存吸附性强的气体（如 CO_2）的煤体比赋存吸附性低的气体（如 N_2）的煤体的关键压力（能够诱发突出的最小压力）要低得多；d. 在其他条件相同的情况下，煤体破坏速度随着煤体内气体的吸附能力的降低而减慢。

1994 年，Nelicki 等[10]在其研制的一个圆形装置内进行了突出试验。该装置直径为 96.4 mm，长度为 300 mm，使用的煤样是粒径 0.2 mm 的煤粉做成的型煤，气体选用 N_2 或 CO_2。突出装置前端用两个平行膜进行封闭，两个平行膜由一个"气室"隔开，每个膜仅可承受管道内 50％的瓦斯压力。试验时，增加"气室"内的瓦斯压力，外膜首先撕裂，接着内膜撕裂，管端迅速开启，突出开始。在突出口处煤样开始破坏，瓦斯与煤粒抛出。1995 年，Topolnicki[11]提出，型煤的突出速度不是一个固定的常数，而是随着距型煤端面距离的增加而减小。随着时间的推移，煤体中积聚的瓦斯能量逐渐降低，突出过程中各种形式的做功也都出现了下降的趋势。

1984—1985 年，Ujihira 等[12-15]利用研发的突出装置进行了试验，试样材料为粉煤、水泥和加气剂混合配制的含孔隙胶泥，试样长度为 58 cm。在装置一端面中心位置开设了一个直径 20 cm 瓦斯排放口，并用锌片密封。在装置前端的突出煤体部分安装了一个透明的丙烯树脂板，以便观察煤体破碎现象。在试验材料中设定了 6 个测点，埋设了 3 个应变片和 3 个瓦斯压力传感器。首先向材料内充入高压瓦斯，然后用雷管引爆锌片，从而将试样的一段突然暴露于空气中，诱发突出。主要结论：a. 当"瓦斯压力/煤体抗拉强度"＞2 时，发生明显的破坏和突出；b. 随着暴露表面瓦斯涌出，瓦斯压力降低，在暴露表面附近产生了非常陡峭的瓦斯压力梯度。

1959 年，Famin[16]在实验室利用型煤诱发了突出。型煤尺寸有两种规格：10 cm×10 cm×30 cm 和 25 cm×200 cm×130 cm，煤样取自"玛祖卡"易突出煤层，煤粉粒度小于 1 mm。在试验中，布置了 6 个型煤应力测点，5 个瓦斯压力测点，并采用传感片在前端和其他部位监测突出速度。主要结论：a. 型煤的突出速度与煤体的垂向应力和瓦斯压力梯度有关，当型煤垂向应力小于 6 MPa 时，突出没有发生；b. 型煤的突出速度与还与气体的种类有关：含 N_2 煤样的突出速度最低，含 CH_4 的煤样次之，含 CO_2 的煤样最高，型煤的突出速度可以作为突出强度的一个量化指标；c. 地应力直接影响煤体的透气性，避免工作面前方围岩应力集中也是防止突出的有效措施之一。

1980 年，Alekseev 等[17]研发了三轴应力的试验设备。煤样尺寸为 60 mm×60 mm×60 mm，试验设备每边可承受的最大压力为 600 MPa，试验控制系统可连续加载，煤样的饱和瓦斯压力可达到 15 MPa。同时，该设备可采集煤样三轴应力值与变形量的相关数据，并可测定煤体吸附的气体量。试验时，先将煤样在 10 MPa 瓦斯压力下吸附 30 min，然后将应力 $\sigma_1=\sigma_2=\sigma_3$ 增加到一定的水平，再将 σ_3 以 0.05 mm/s 或 5 mm/s 的速度卸载至一定的应力水平，最后将 σ_3 作用面上的插栓突然取下，研究某一方向上的应力释放对突出的影响。主要结论：a. $\sigma_1=\sigma_2=\sigma_3=30$ MPa 时，σ_3 插栓突然撤下，突出发生；b. $\sigma_1=\sigma_2=\sigma_3=30$ MPa，将 σ_3 降至 25 MPa 或 20 MPa 时，插栓突然撤下，突出发生；c. $\sigma_1=\sigma_2=\sigma_3=30$ MPa，将 σ_3 降至 10 MPa 或将 σ_2 降至 25 MPa 时，插栓突然撤下，突出不发生。

1991 年，Miller 等[18]在德国矿业技术研究和试验公司新建的 6 000 kN 电控试验台上进行了试验。试样的尺寸为直径 15 cm 的圆柱体，在 1.8～3.6 MPa 瓦斯压力下进行吸附。研究表明，当煤样实施轴向加载时，瓦斯压力可增加为饱和压力的 2 倍，在高达 57 MPa 垂向载荷下仍没有对钻孔造成影响。应力倍增后，没有大量瓦斯涌出，仅有少量钻孔冲击。在 170 MPa 的载荷下，在某些煤样的钻孔过程中造成突出。当垂向载荷进一步增加，由于钻孔突出，因而钻杆很快被挤满。但是，当瓦斯压力和从破裂（破碎）煤体中解吸的瓦斯使煤体强度降低时，在低地应力水平下突出也会发生。

1.2.2 国内实验室突出试验研究

1989 年，邓全封等[19]利用研制的煤与瓦斯突出装置进行了试验。该试验装置包括材料试验机、试验容器、模拟巷道、真空泵和高压瓦斯瓶，其中材料试验机 2 台（1000 kN 和 5 000 kN），用以煤样成型和轴向加载；装煤样的容器为内径 200 mm 的圆筒，突出口为直径 20 mm 的圆洞。煤样选用的是采自北票三宝矿突出煤层的焦煤。主要结论：a. 煤体呈片状剥落，突出空洞呈梨形或椭圆形，抛出煤的堆积角远小于煤的自然安息角；b. 突出时的最小瓦斯压力随着煤体强度的增大而增大，当型煤抗压强度相同时，突出所需的最小瓦斯压力随轴向应力的增大而减小。

1994 年，He 等[20]在流变假说的基础上进行了突出试验。将粒度小于 0.5 mm 的煤粉，预先压制成直径为 50 mm、长度为 100 mm 的圆柱形型煤试样，成型压力约为 100 MPa，该成型压力能够保证成型煤样与原煤样有相近的性质。煤样外层加防水胶套，然后放置在自制的三轴压力室内。在加载前，煤样用真空泵脱气后再重新充入气体。充入的气体包括吸附性强的二氧化碳和基本上不吸附的氮气，充气压力稳定 24 h 后再进行试验。试验的数据采集系统包括动态应变仪、位移传感器、函数记录仪、千分表、秒表和时钟。主要结论：a. 含瓦斯煤体在应力作用下，$\sigma_1-\sigma_3$ 未达到屈服载荷时，蠕变具有衰减特征，最终达到平衡状态，这种情况下突出不会发生；b. 当$\sigma_1-\sigma_3$超过其屈服应力后，煤体流变出现3个阶段，其中第Ⅰ阶段和第Ⅱ阶段是突出的准备阶段，而第Ⅲ阶段是突出的发生发展阶段。他们认为，流变特性是所有含瓦斯煤体共有的一种属性，对特定的煤体，其流变行为也会因外部受力环境的不同而不同。

1995年，蒋承林等[21]进行了一维突出模拟试验。模拟装置直径为442 mm，侧面突出口净直径达200 mm。试验时，将搅拌好的煤样分层倒入突出模拟装置中，在成型压力下压制成型。对突出装置内的成型煤样抽真空12 h，充入瓦斯48 h，使成型煤样吸附瓦斯至平衡。用千斤顶顶开横档，则压梁突然松开，揭开煤层。突出试验证实了球壳失稳假说的两个推论，并在球壳失稳假说的基础上解释了突出现象。

1996年，孟祥跃等[22]进行了二维突出模拟试验研究。试验装置主要包括缸体、上盖板、活塞及液压千斤顶。上盖板与缸体用螺栓紧固在一起；液压千斤顶通过传力环对活塞施力，活塞的向上运动可将放在它上边的煤粉压制成各种密度的煤饼（直径为380 mm，厚度在一定范围内可调）。为突出预留的中心孔有3种：分别是ϕ10 mm、ϕ20 mm和ϕ30 mm。试验中，突然卸载是通过引爆喷煤孔处的点火头和枪药，使铝膜突然破坏而实现的。主要结论：a. 二维试验与一维试验相比，煤样的破坏同样存在“开裂”和“突出”两类典型现象；b. 在煤体破坏的动态过程中，出现了应力转移现象；c. 破坏阵面的向外扩展是逐渐衰减的，不存在恒稳推进；d. 煤体的破坏初期是轴对称的，随后则只在某一角区向上扩展。

2000年，郭立稳等[23]研发了突出试验平台，包括加载系统、突出模拟装置和数据采集系统，主要研究了突出过程中温度的变化。他们发现，突出过程中煤体温度先升高后降低，具有连续性。温度升高是由地应力破碎煤体时弹性能释放造成的，而温度降低是瓦斯气体解吸和膨胀造成的。2002年，牛国庆等[24]也进行了突出过程中温度变化的试验研究，模拟装置直径为250 mm、长度为600 mm，整个试验系统包括加压系统、突出模拟装置、温度检测系统等。主要结论：a. 突出的强度不同，煤体的温度变化也不相同；b. 瓦斯压力越大，煤体温度下降的越快；c. 突出过程中，瓦斯的膨胀做功过程并非是一个绝热过程，而是一个接近于等温的变化过程。

2004年，蔡成功[25]进行了三维突出模拟试验研究。试验模型尺寸为225 mm×225 mm×187.5 mm，模拟系统包括应力加载系统、煤样脱气系统和充气系统。试验煤样选自胶结性能较好的北票三宝严重突出层，在实验室粉碎成粒径0.1 mm的煤粉，在不加添加剂的情况下加压成型。煤样成型后，连续脱气48 h，然后充气（选用CO_2）吸附48 h以上。在型煤充分吸附瓦斯后，按设计要求同时给型煤施加均布垂直力、水平力和侧向力，平衡 2～4 h。当型煤内应力、瓦斯压力稳定时，采用机械方式突然打开突出口。主要结论：a. 型煤强度是影响突出的首要因素，其次为水平应力和垂直应力；b. 瓦斯压力是突出发生的必要条件；c. 型煤强度、突出空洞侧向应力在突出过程中起阻碍作用，水平应力、垂直应力及瓦斯压力是突出发生的动力，在突出三要素中，应力和煤的力学性质是决定突出强度的主要因素。

2010 年，张春华[26]较早在实验室内构建了石门揭煤大型三维试验系统，进行了石门揭含“构造包体”煤层突出模拟试验，测试了石门巷道渐进开挖过程中围岩的地应力、位移、瓦斯压力和温度参数的变化。

2016 年，Tu 等[27]认为突出往往发生在煤层瓦斯分布异常区，如地质构造带，并搭建了三轴加载突出模拟装置，进行了瓦斯富集区诱发突出试验。结果表明：煤层瓦斯富集区含有更多的瓦斯和突出能量，使得这些地区即使在瓦斯压力较低的条件下也容易发生突出。在开采过程中，当瓦斯富集区的瓦斯和能量突然释放时，形成反向卸荷波和高瓦斯压力梯度，对煤体产生拉伸效应，致使煤体破碎程度加剧，突出强度增加。由于暴露表面附近保持了较高的气体压力梯度，因而富集的能量释放降低了煤的强度。

2018 年，Guo 等[28]利用自行设计的煤与瓦斯突出及煤体瞬时瓦斯解吸试验系统开展了突出试验。结果表明：突出口直径越大，总突出时间越短，初始瓦斯压力越大、煤粒粒径越小或突出口直径越大，突出强度和突出距离越大；突出试验中还发现最大瞬时瓦斯压力甚至有时会高于初始瓦斯压力。

2019 年，Cao 等[29-30]研制了大规模三维煤与瓦斯突出机理模拟试验装置，分析了突出试验装置、相似准则、煤体相似材料和气源以及试验设计方案。试验再现了丁集煤矿某突出事故过程，认为掘进工作面地应力集中对诱发突出具有显著影响，突出发生后煤体的弹性能、瓦斯焓和重力势能迅速释放，其中瓦斯焓和煤的弹性能是突出能量主要来源。

2020 年，袁亮等[31]在突出模拟试验装置方面取得了新的进展，提高了相似材料煤体瓦斯压力特性的精细测控性能，完善了试验装置对模型地应力、瓦斯压力、煤岩体特性的调控性，并以淮南新庄孜矿“6・12”突出事故为原型，开展了大尺度模型加载充气保压条件下巷道掘进揭煤诱发突出试验模拟。

2019—2022 年，许江等[32-34]研发了多场耦合煤矿动力灾害大型物理模拟试验系统。该系统设计了突出动力系统和突出巷道系统，研究了突出过程中煤体内地应力、瓦斯压力、温度等多物理场状态参数动态演化，系统阐述了突出的阵发行为以及巷道内煤与瓦斯两相流冲击动力学行为。

1.2.3 国内外瓦斯渗流及突出数值模拟分析

Khodot 等[35]认为，突出至少包括启动、发展和停滞阶段，因此，想要建立突出过程的数学模型是十分困难的。另外，想要通过经验数据再现整个或阶段性突出过程也十分困难，因为即使有相当可靠的测试设备，也很难为突出创造重复性条件，以阐明每个因素的影响程度。他们认为，尽管无法建立突出现象的微分方程，但是可以借助相似和量纲理论辨识和再现原型和模型中一系列对应现象，基于此建立起能充分表示突出危险且形式又比较简单的功能函数方程：$a=f(a_1,a_2,a_3,\cdots,a_n)$。在此思路指导下，他们建立了突出函数模型，讨论了模型尺寸、地应力、瓦斯压力、煤体强度参数等对突出的影响。

波兰科学院的 Litwiniszyn[36]通过稀疏冲击波理论研究了突出时波阵面的跳跃条件。他认为，煤层内的瓦斯处于高承压状态，当一种冲击波穿越煤层时，高压液态瓦斯转变成气态，体积突然膨胀导致渗透力急剧增大，造成煤体破坏，从而在自由面的方向诱发突出，同时还提出了煤与瓦斯突出的数学模型。

澳大利亚的 Paterson[37]认为，当受煤层瓦斯压力梯度影响的体积力产生的应力超过煤体的抗拉强度时，就会在工作面前方的煤体内产生月牙形裂缝，进而对煤体产生破坏。为此，Paterson 建立了煤层瓦斯流动方程、应力方程和破坏准则，并利用有限元程序研究了一维和二维煤层瓦斯的流动及工作面推进速度、煤层渗透性、煤层强度和开采深度等对诱发煤与瓦斯突出的影响。Paterson 指出，Litwiniszyn 的模型没有解释“稀疏冲击波的来源”这一关键性问题。

Choi 等[38]将突出过程分成突出启动前阶段（围岩的变形处在准静态）、突出启动阶段（含瓦斯煤岩的变形从准静态转向动态）和突出启动后阶段（突出演变阶段，以大量瓦斯和碎煤向巷道喷出为特征）3 个具有明显差异的阶段，在考虑游离瓦斯和吸附瓦斯状态转换，瓦斯和水在煤层节理中的流动，煤的裂隙，煤的变形、破坏及破碎等诸多因素的基础上，建立了瓦斯和突出煤体动力行为的数值模型，并在不同的煤体强度、煤体损伤度、地质构造和瓦斯组分状态下，对煤与瓦斯突出进行了数值模拟。他们认为，含 CO_2 的煤体并不比含 CH_4 的煤体更具突出性；相反，由于 CH_4 对煤体的吸附性相对较强，在一定的瓦斯压力下，前者突出时需要的瓦斯量更大。在一定压力下，CO_2 突出比 CH_4 突出更加猛烈，这是由于突出过程中会有更多的吸附态瓦斯解吸出来参与做功。该观点和 Lama[39]统计的突出数据也是吻合的。

国内在有关煤与瓦斯突出研究的早期阶段，魏晓林[40]公布了广东煤炭科研所有关煤层瓦斯流动计算机研究成果；李英俊等人[41]结合煤矿实际问题，用有限差分法（DEM）实现了对瓦斯流场中压力分布及其流量变化数值模拟。Yu

等[42-43]用有限单元法(FEM)和边界单元法实现了对瓦斯渗流的数值模拟。

周世宁[44-45]利用计算机数值模拟的方法,研究了瓦斯在煤层中的流动特性。郑哲敏[46]在特大型煤与瓦斯突出试验研究的基础上,使用数量级比较与量纲分析的方法,定性地研究了煤与瓦斯突出的过程。自日本的氏平增之首先进行了煤激波管对石门揭煤突出机理的研究以后,方健之等[47]在郑哲敏等人提出的煤激波管试验一维模型的基础上,考虑煤样的初始粉碎率 η_0 和不同初始瓦斯压力 p_{g0},计算了煤的破坏阵面推进速度。结果表明:η_0 可以定量描述煤的破坏的非均匀特性,它可以作为表征煤的破裂阵面的一个参数。何学秋[48]引用左昭威和华安增的井巷揭穿煤层过程中的应力位移场计算的结果,分析了水平巷道掘进时的应力-位移场及巷道前方的应力集中状态。自裴图霍夫[49]、章梦涛等[50]提出煤与瓦斯突出和冲击地压统一理论模型以后,赵阳升等[51-52]给出了煤体-瓦斯耦合作用的数学模型与数值解法,梁冰[53]对煤与瓦斯突出的固-流耦合失稳进行了数值分析。

在 Zhao 等[54]应用 M. A. Biot 土壤固结理论中包含的两项介质理论对含瓦斯煤体进行了有限元分析之后,考虑煤与瓦斯耦合作用对突出的影响,他们以连续介质力学方法对含瓦斯煤体的两相介质力学特性进行了数值模拟分析,为煤与瓦斯突出这一复杂问题建立了新的力学基础[55]。丁继辉等[56]在多孔介质力学理论的基础上,从热力学第二定律出发,建立了煤与瓦斯突出的固-流两相介质耦合失稳数学模型,给出了该问题的非线性有限元方程,并对瓦斯压力、地应力和煤体的力学特性在突出中的作用进行了数值模拟研究。孙培德、Valliappan 和 Dziurzynski 等分别提出了基于相关理论的煤层瓦斯突出的固-流耦合模型,并对煤层瓦斯的流动进行了数值模拟分析[57-61]。张我华[62]将损伤力学与煤层中瓦斯气体迁移理论的局部化处理相结合,考虑瓦斯流动及吸附特性与煤的变形及损伤之间的相互作用,提出了煤失效破坏局部化的数值模型,并对突出过程中断裂-损伤传播方式、失效破坏区的分布规律以及损伤破坏的发展速率进行了数值模拟分析和研究。

唐春安等[63]运用自行研制的岩石破裂过程分析软件——$RFPA^{2D}$,对急倾斜含瓦斯煤层中的石门揭煤突出过程进行了数值模拟研究,再现了含瓦斯岩中裂纹的萌生、扩展、贯通直至煤岩抛出的整个突出过程,并通过含瓦斯煤岩变形、破裂过程中的应力场演化,说明了地应力、瓦斯压力以及煤体力学性质对诱发突出的作用。徐涛等[64]利用 $RFPA^{2D}$-Flow 软件,考虑煤岩体的流变效应以及瓦斯渗流与煤岩体变形间的耦合作用,对理想条件下的石门突出、上山突出和延期突出这 3 种情况进行了数值模拟研究。结果显示:这 3 种类型的突出特性均受到地应力、瓦斯压力和煤强度 3 个主要因素的影响,而且突出也受时间和空间的制约。总之,突出的发生是诸多因素共同作用的结果。

近年来,COMSOL、FLAC 等软件在突出模拟分析中应用越来越广泛。An 等[65-66]运用 COMSOL 软件模拟了突出现象,发现在采掘工作面前方存在煤体变形破坏和瓦斯压力梯度异常区域,这是突出发生的主要危险区域,低渗透率和高瓦斯压力的煤层在发生突出时会释放出更多的能量,破坏力更大。Yang 等[67]运用 FLAC3D 软件建立了多个均质和非均质煤层模型,对比研究了煤体力学参数变化对工作面前方地应力分布,发现当煤层的黏聚力和弹模同时发生明显变化时,最易导致工作面前方地应力集中和诱发突出。Zhou 等[68]采用有限元强度减小理论对工作面前方煤体进行研究,提出可用安全系数来描述突出的临界值和突出风险性。左文哲等[69]通过利用 COMSOL 软件中高马赫流动与浓物质传递模块,模拟分析了突出过程中冲击气流的速度场、压力场、冲击力场、浓度场等分布规律。

1.2.4 国内外地质构造对突出的影响研究

构造煤是指原生结构受地质构造作用(如断层、褶曲、滑移等)发生破坏、破碎甚至是粉化的煤。国内外大量突出案例表明,90%以上的突出事故发生在地质构造带,因此,地质构造与突出之间关系受到人们格外关注。

1952 年,Taylor 等[70]在英格兰北部 Northumberland 和 Durham 煤田现场考察时发现,突出总是发生在构造破碎带附近,突出部位所在的煤层软煤发育、层理紊乱。Shepherd[71]总结分析了澳大利亚、加拿大、英国等国家的突出情况,发现大约 90%以上的典型突出发生在局部强烈变形带。Lama 等[72]认为,影响突出的地质构造包括褶曲、节理、断层、构造煤分层、煤层厚度变化以及岩浆侵入等。Farmer 等[73]发现,断裂、褶皱等强烈变形和构造破坏的区域往往是煤与瓦斯突出的频发区域。Williams 等[74]通过实地考察研究,认为当工作面靠近地质构造时围岩会形成异常高的地应力梯度和瓦斯压力梯度。Frodsham 等[75-81]也进一步探究了构造带区域的不同类别构造煤体的变形形态特征,分析其与突出之间的关系,获得了大量的研究成果。

我国众多学者在地质构造诱发突出理论方面进行了大量研究,取得了丰富的成果。张子敏等[82-83]分析了地质构造对煤与瓦斯突出的主控作用,认为瓦斯赋存受煤层地质构造的控制,并将其赋存类型进行了等级划分。郭德勇等[84-86]阐述了煤层地质构造环境的概念,并分析了煤层构造物理特征,发现最容易导致突出发生的区域一般为较小断层煤层、煤层厚度突变区、背斜区以及构造软分层,认为构造煤体的发育程度是突出发生的关键。闫江伟等[87]认为,含瓦斯的构造煤体是产生突出的关键条件,并阐述了构造作用控制煤与瓦斯突出的作用机制。张宏伟[88-89]基于地质构造活动和相关板块的构造规律，提出并证实了一套评判和预测突出危险性的方法。张春华等[90]将各种类型的地质构造分为封闭型地质构造和开放型地质构造，他认为封闭型地质构造附近围岩一直维持着较高的地应力和瓦斯压力是造成突出的重要原因。王道成[91]认为，地应力分布、瓦斯赋存和构造煤体结构等受各种断层、褶皱等地质构造的影响。梁金火[92]认为，压性构造区由于存在高地应力，软弱煤层发育，瓦斯富集，可为煤与瓦斯突出的发生提供便利条件。舒龙勇等[93]认为，压扭性断层区软弱煤分层厚度大、强度低、局部应力集中，更容易发生突出。李云波等人[94]发现煤层瓦斯压力是诱发突出的关键因素，而构造软弱分层决定了突出的始突强度。朱兴珊等[95-96]对比分析了不同构造应力场对突出的作用机制。安鸿涛等[97]认为，临近断层与岩浆岩体区段构造的影响使煤层易发生突出事故。韩军等[98-99]认为，地质构造带的高构造应力会抑制煤层瓦斯的扩散运移，为突出孕育提供良好环境。

与此同时，一些学者针对我国不同矿区的地质构造形态，研究了地质构造对突出的控制特征。张国成等[100]统计了淮南矿区突出点的构造组合形式，主要包括：断层、断层与褶皱叠加、褶皱，其中断层组合又分地堑型、阶梯型、断层交汇型、挤压构造型和顺层断层型 5 种，认为小构造发育是造成突出分区分带性的主要原因，构造煤发育程度是造成突出的直接原因，掌握小构造及构造煤发育控制范围对提高突出预测预报具有积极意义。邵强等[101]分析了华北地区部分生产矿井构造带附近煤体成因及分布，发现该地区的突出事故主要发生在褶皱和断层地质构造带。汪吉林等[102-103]讨论了贵州省青龙矿构造带煤体在不同应力场条件下的突出损伤特征。郭德勇等[104]结合平顶山矿区构造演化史及构造发育规律、煤岩体力学性质和煤层组合特征等，分析了该矿区构造煤的成因和分布规律。张子敏等[105]以矿区的煤层地质构造和瓦斯分布规律为基础，分析了大平煤矿“10 • 20”特大矿难发生的主要原因，认为突出地点处于逆断层影响区域，构造煤体较发育且应力集中。谢劲松[106]调查了郑煤集团超化矿突出地点的地质结构特征，认为软弱煤层的滑移和局部应力集中是导致该区域煤层突出的关键原因。李中州[107]认为，白坪井田发生突出的原因是煤层厚度的突变，煤层厚度变化可以控制地应力、瓦斯含量以及煤层稳定性。刘彦伟等[108]分析了丁集矿构造带区域的煤体特征，发现距离断层越近，煤层裂隙越发育，煤岩动力灾害越容易发生。朱国维等[109]调查了潘三矿的地质构造和突出特征，发现突出主要受地质构造、煤体发育程度以及构造分布的控制，突出主要发生在断层、褶曲以及煤层结构变化的区域。孟中泽等[110]以鹤壁矿区为案例，发现在煤层中断层和褶曲叠加的地方，煤体越厚且更加破碎，突出越容易发生。

1.3 石门揭煤突出研究现状

石门揭穿煤层的地点通常是新矿井、新水平、新采区等还未被揭露的地点，其瓦斯压力、应力均处于原始状态。石门突出可分为4类:爆破揭开煤层突出、过煤门处突出、延期突出和自行冲破岩柱突出，其中爆破揭煤的突出次数和强度所占比例最大。揭穿煤层时，工作面由坚硬的煤岩层突然进入较松软的煤层，工作面前方的集中应力容易发生突变，都为突出发生提供了良好条件。据统计，在煤矿井下的各类煤与瓦斯突出事故中，石门揭煤突出强度最高和危险性最大，许多典型突出事故都和石门揭煤有关。通过分析国内外的众多突出的相关资料可知，石门揭煤突出的平均强度为煤层平巷的7～14倍，有的甚至高达40倍以上；而我国重、特大型突出中，有80%发生在石门揭煤施工过程中。

1969年7月13日，苏联顿巴斯矿区加加林煤矿在710 m主石门揭穿厚度仅1.3 m的煤层时发生了世界上最大的一次煤与瓦斯突出，突出煤量14 200 t，涌出瓦斯量25万m^3。1975年8月8日，四川天府矿务局三汇坝一矿在+280 m主平硐震动爆破揭穿6号煤层时发生了我国最大的一次突出，突出煤量12 780 t，涌出瓦斯量近140万m^3。2004年10月20日，郑煤集团大平煤矿特大瓦斯爆炸事故，造成148人死亡，而这次事故的根源在于误揭煤层是造成的类石门揭煤突出的继发事故。

由于石门揭煤中突出灾害的破坏性极强，人们很早就开始对石门揭煤突出问题探索研究。苏联矿业研究所提出的“能量”假说认为，在石门揭煤时，当煤层突然暴露时，造成了煤体应力状态的突然改变，在煤的暴露面附近形成了很大的瓦斯压力梯度，致使煤中的潜能或瓦斯能量突然释放，从而诱发石门揭煤突出。苏联学者霍多特(Hodot)在实验室试验的基础上，从能量的角度运用计算了巷道围岩的做功、煤层变形能、瓦斯内能以及造成突出时所需的动能。他认为：a. 工作面附近的煤体发生变形破坏且处于极限应力状态，其应力集中系数为1.5～2.0；b. 地应力是向巷道方向压出变形破碎煤体的主要动力，瓦斯压力的作用则是将煤体抛到巷道，并粉碎煤体。

吴泽源[111]通过研究认为，构造应力、地应力和瓦压力等都有可能在石门揭煤突出中起到主导作用，若不考虑具体条件，仅认为某种因素起主导作用的观点是不符合辩证唯物主义认识论的。

渝岩[112]和于不凡[113]提出，石门揭煤诱发突出的能量主要包含在坚硬的弹性岩石之中，一般在石门揭开煤层瞬间发生突出，或者在爆破揭开煤层后突出有所延迟。石门揭开煤层后继续掘进煤门，当工作面进入坚硬岩石时，若在爆破作用下坚硬岩石中的弹性潜能突然释放，即可诱发突出，大多数突出发生在过煤门震动爆破时。

宋士钊[114-115]认为，石门揭煤地点一般处在原始煤体，煤体瓦斯排放程度低，而岩柱的透气性明显低于煤层，造成揭煤瓦斯含量和瓦斯压力相对较高，瓦斯内能较大。同时，由于石门揭煤地点受采动影响较小，围岩应力得以保持，当石门巷道接近煤层时，集中应力的峰值就逐渐进入石门巷道前方的煤体之中，使煤体内的应力异常增大，甚至超过本身承载能力而破坏。但在石门巷道未揭开煤层时，在岩柱保护下，因为前方煤体处在相对稳定的三向应力状态，所以煤体即使此时产生损伤和破坏，也不会失稳和崩解。但当石门揭开煤层时，煤体失去岩柱保护，受力状态应力由三向转为单向，同时瓦斯压力梯度陡增，最大的应力峰值转移在煤体上，从而发生失稳破坏和崩解，即发生突出。相比于石门揭煤，煤巷掘进过程中就难以遇到上述情况，因为煤巷工作面前方一般会存在一个卸压带，而巷道的一次进尺，所以很难进入集中应力区，产生陡增的应力梯度，同样很难到达高瓦斯压力区，产生陡增的瓦斯压力梯度。因此，在煤巷掘进施工中，即使是异常释放的瓦斯内能和弹性潜能，一般也比石门揭煤时释放的能量小，发生突出时的强度也相对较小。

谭学术等[116]进行了石门揭煤变弹模光弹性试验，研究了石门巷道前方煤岩体中的应力分布特征。他们发现：a. 石门巷道轴向的水平正应力（σ_x）大部分指向石门巷道前方，还有部分指向石门巷道后方，表现为拉应力，数值上一般小于垂直正应力（σ_y），但在集中应力区也可以大于σ_y。由此可见，水平正应力σ_x应当考虑作为前方煤岩体中弹性能等迅速释放的一个影响因素。b. 垂直正应力σ_y在数值上一般大于其他应力分量，在石门巷道前方煤岩体中也存在拉应力，随模拟条件或构造影响的不同，最大垂直正应力分布的地点和规律也不一样。c. 石门巷道两侧和前方位置的正应力σ_z，同样可以表现为压性和拉性，但它的数值相对较小，不是导致石门揭煤突出的主要因素。需要注意的是，σ_z对石门揭煤巷道支护有重要影响，且在巷道前端附近的拉应力σ_z非常有利于煤岩体破坏。d. 石门巷道迎头端面附近的剪应力τ_{xy}、τ_{zx}一般均大于τ_{yz}，但也有反常，各剪应力一般小于各法向应力，在石门巷道前方煤层与顶板交界层面处，各剪应力也会出现突变现象，可造成煤岩体剪切破坏和能量突然释放。

对于石门巷道迎头端面前方煤岩弹性潜能，得出以下结论：a. 最大弹性潜能值（W_{max}）位于石门巷道迎头端面前方煤层或煤层与顶板交界面处。因此，对于石门巷道，保护岩柱的厚度应该考虑应力和最大弹性潜能的位置。b. 石门巷道两侧的弹性潜能要比石门巷道前方的弹性潜能小得多，不是导致石门揭煤突出的主要因素。c. 在石门巷道迎头端面附近煤层和顶板中储存极大弹性潜能，在距石门巷道迎头端面较远处的顶板中也存有一定的弹性潜能，有的还较大。因此，在石门揭煤过程中，应适时采取有力措施释放巷道迎头端面围岩弹性潜能，防止其突然释放造成危害。

李贺等[117]研究了揭煤过程中，最大主应力与石门巷道呈现不同夹角时，应力与位移的演化规律，得到原岩应力与石门突出危险性的关系。他指出，石门突出一般发生在煤岩交界面处，随着石门最大主应力的夹角的增大，应力集中系数和位移变化梯度增大，掘进方向应尽量平行最大主应力。吕秀江[118]认为，采动应力在不同掘进速度下呈现不同的动态规律，采掘速度对于动态应力的分布状态有着很大的影响。马念杰等[119-120]提出了巷道围岩蝶形塑性区突变诱发煤岩动力灾害理论，认为煤巷掘进或石门揭煤工作面，由于主应力比值和煤岩体强度的变化，因而前方煤体在极短时间内产生一定范围的蝶形塑性区，引发煤岩体内弹性能和瓦斯能的叠加和突然释放，发生冲击地压或突出事故。张小千[121]基于石门揭煤工作面前方煤岩“强弱面”应力分布模型研究了煤体失稳区域的分布及演化，并结合典型石门揭煤突出案例，反演分析了石门揭煤突出位置及突出空洞特征。

第 2 章 地质构造对煤体力学性质及突出的影响

2.1 煤体力学特性

2.1.1 煤体的孔隙特性

煤的内部富含形态各异、大小不等的孔隙和裂隙，其中孔隙是煤层瓦斯的主要储集场所和扩散通道，而裂隙则是瓦斯渗流和涌出的主要通道。孔隙和裂隙的发育特征及连通性，直接关系着煤体对瓦斯的吸附/解吸特性以及瓦斯在煤体中的扩散、渗流和涌出规律[122]。

煤层孔隙、裂隙表征方法可归为以下 3 类[123-124]：

(1) 射线探测法

这是一种利用射线散射、波传播、正电子寿命谱等探测煤孔径分布、孔隙度、渗透率等物性参数的方法，包括核磁共振、X 射线计算机断层扫描、小角度 X 射线散射与中子小角散射以及微电阻率扫描成像测井等。

(2) 观察法

该方法包括肉眼观测法（现场煤壁观察、实验室岩芯描述）和以光学显微镜、环境扫描电子显微镜、场发射电子显微镜、透射电子显微镜、原子力显微镜、聚焦离子束扫描电子显微镜、氦离子显微镜等。

(3) 气体吸附、流体贯入法

该方法包括压汞法和 N_2/CO_2 吸附试验。

将三种煤层孔隙、裂隙表征分类方法绘制成图形表达形式，如图 2-1 所示。

煤层孔隙尺度分布广，孔径尺寸可从埃米级（10^{-10} m）至毫米级（10^{-3} m）。为便于孔隙表征和描述，人们建立了多个煤的孔径结构划分方法（表 2-1）。霍多特[125]和国际纯粹与应用化学联合会（IUPAC）给出了孔径分类方法。霍多特提出的分类方法简单、易于使用，广泛应用于我国煤炭生产工程，而 IUPAC 的分类方法主要应用于理论研究。

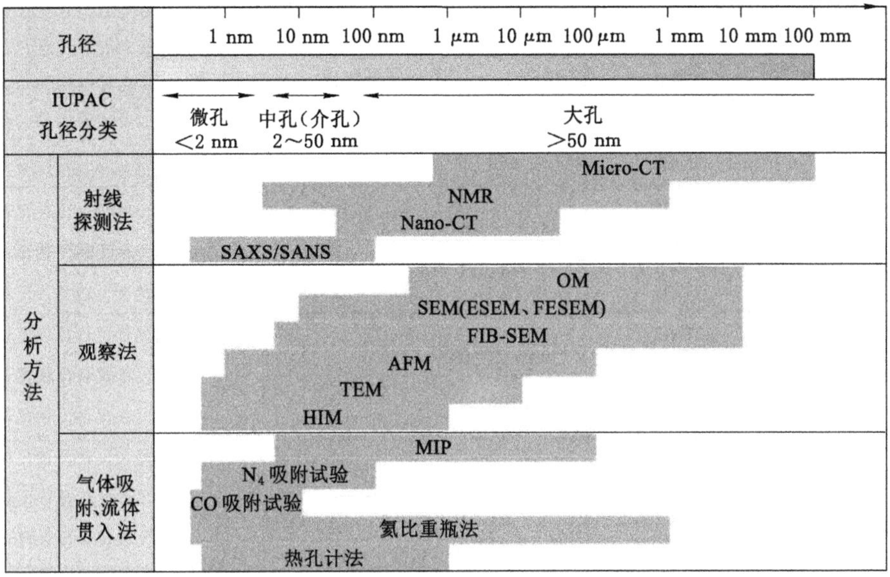

(a) 煤层孔隙主要研究方法

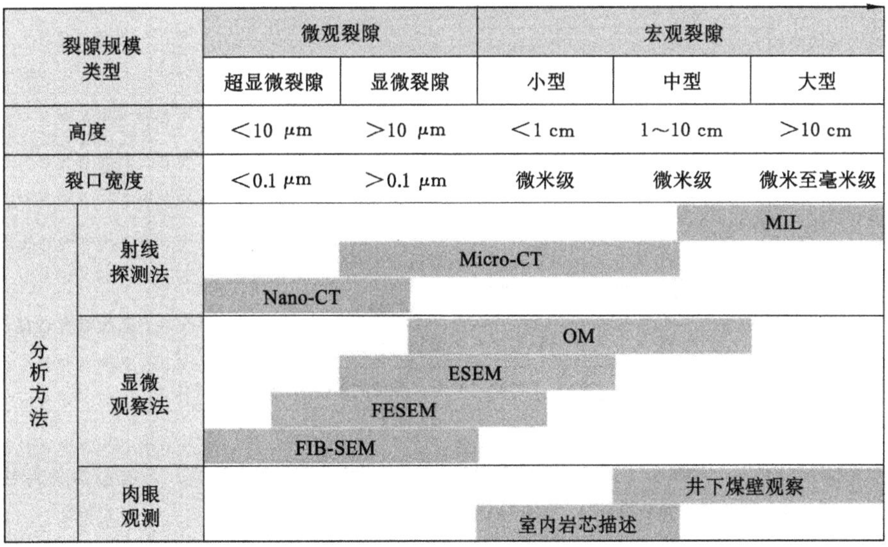

(b) 煤层裂隙主要研究方法

图 2-1　煤孔隙和裂隙研究方法

表 2-1 煤孔径结构分类

学者(年份)	孔隙分类	孔径/nm	孔隙特征	分类依据
霍多特[125] (1966)	微孔	<10	吸附	孔径与气体分子的作用
	过渡孔	10~100	毛细管凝结、物理吸附及扩散	
	中孔	100~1 000	层流和紊流	
	大孔	>1 000		
Dubinin[126] (1968)	微孔	<2	—	气体赋存状态
	过渡孔	2~20		
	大孔	>20		
Sing[127] (1985)	微孔	<2	—	气体赋存状态
	中孔(介孔)	2~50		
	大孔	>50		
Gan 等[128] (1972)	微孔	0.4~1.2	—	孔容和测试方法
	过渡孔	1.2~30		
	粗孔	30~2 960		
煤炭科学院抚顺煤研所等[129](1985)	微孔	<8	—	测试范围
	过渡孔	8~100		
	大孔	>100		
吴俊等[130] (1991)	微孔	≤5	气体容积型扩散孔隙	孔径与气体分子的作用
	过渡孔	5~50		
	中孔	50~500	气体分子型扩散孔隙	
	大孔	500~7 500		
杨思敬等[131] (1991)	微孔	<10	煤分子结构单元构成的孔	孔隙赋存特征
	过渡孔	10~50	中孔向微孔的过渡	
	中孔	50~750	煤岩显微组分构成的内孔及外孔	
	大孔	>750	样品残留的微裂隙、微节理等外孔	
秦勇等[132] (1995)	微孔	<15	—	孔径结构自然分布特征
	过渡孔	15~50		
	中孔	50~400		
	大孔	>400		

表 2-1(续)

学者(年份)	孔隙分类		孔径/nm	孔隙特征	分类依据
傅雪海等[133] (2005)	扩散孔	微孔	<8	表面扩散	分形特征
		过渡孔	8～20	混合扩散	
		小孔	20～65	Kundsen 扩散	
	渗流孔	中孔	65～325	稳定层流	
		过渡孔	325～1 000	剧烈层流	
		大孔	>1 000	紊流	
桑树勋等[134] (2005)	微孔		<2	以墨水瓶状为主:气体吸收	固气作用机理
	小孔		2～10	以墨水瓶状为主:气体吸附	
	中孔		10～100	以平板状为主:凝聚吸附	
	大孔		100～1 000	以板状为主:气体渗流	
	超大孔		1 000～10 000	以管状和板状为主:非稳定	

煤中裂隙可分为宏观裂隙和微观裂隙两种。其中,利用肉眼或普通放大镜可直接观察到宏观裂隙;对于微观裂隙,人的肉眼难以辨认,需要借助光学仪器如显微镜或扫描电镜才能观察。根据宏观裂隙发育尺度的不同,可进一步将其划分为大型裂隙、中型裂隙和小型裂隙,见表 2-2。

表 2-2　裂隙规模类型分类[135-137]

规模类型		长度	高度	裂口宽度	特征
大型		几十厘米至数米	>10 cm	微米至毫米级	可切穿一个以上煤岩类型分层或切穿整个煤层
宏观裂隙中型		几厘米至 1 m	1～10 cm	微米级	限于一个煤岩类型分层内
小型		几毫米至 1 m	<1 cm	微米级	仅发育在单一煤岩分层条带中
微观裂隙	显微裂隙	—	>10 μm	>0.1 μm	可以在光学显微镜下观测
	超显微裂隙	—	<10μm	<0.1μm	仅能在扫描电子显微镜下观察

根据孔隙成因和结构特征,煤中所发育的孔隙主要有 4 种类型:a. 原生孔,主要包括植物组织孔、粒间孔;b. 外生孔,包括角砾孔、碎粒孔和摩擦孔;c. 变质孔,常见气孔、差异收缩孔和大分子结构孔;d. 矿物质孔,主要指溶蚀孔、晶间孔和铸模孔。典型的煤中孔隙如图 2-2 所示。

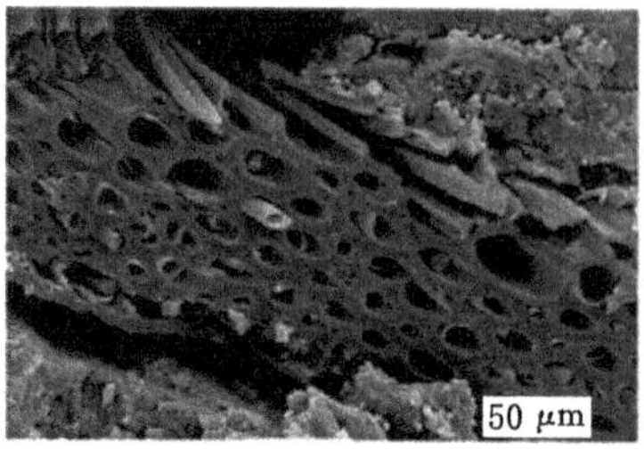

（a）植物组织孔，SEM[138]

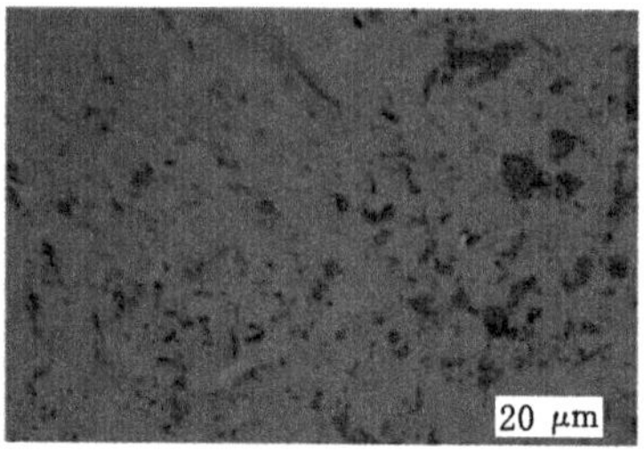

（b）粒间孔，OM[140]

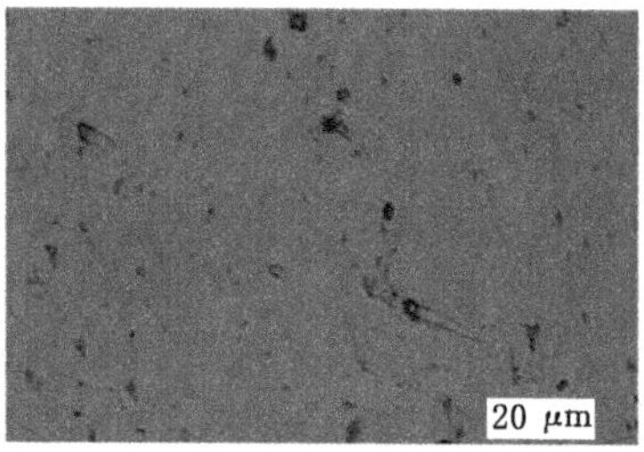

（c）摩擦孔，OM[139]

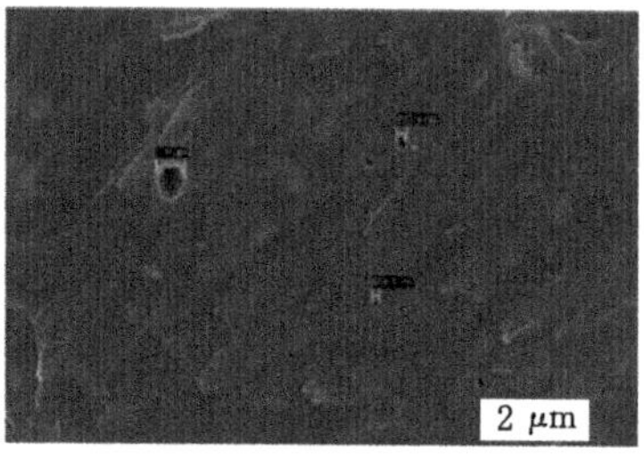

（d）次生气孔，FESEM[140]

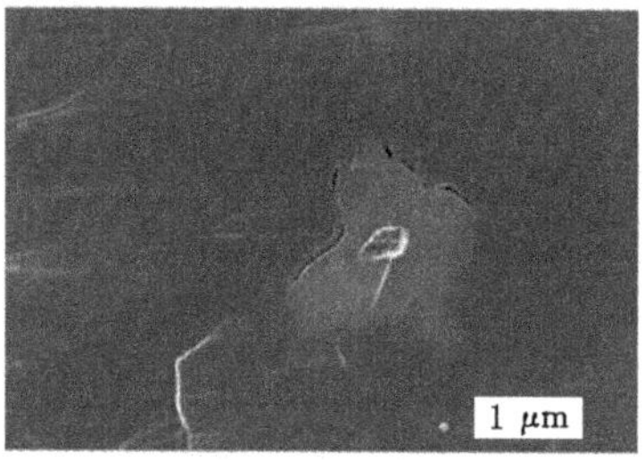

（e）石英周围差异收缩孔，FIB-SEM[140]

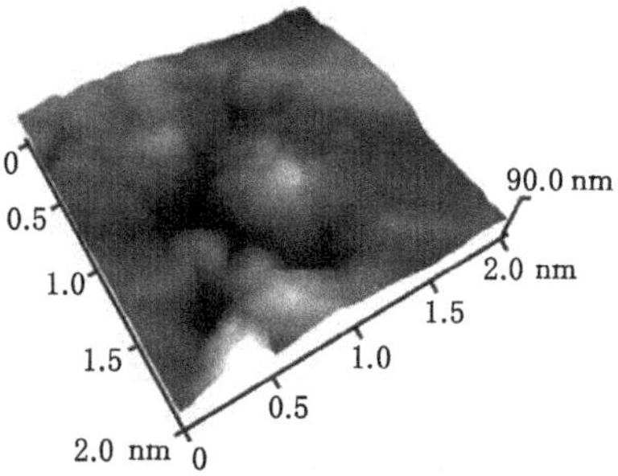

（f）大分子结构孔，AFM[139]

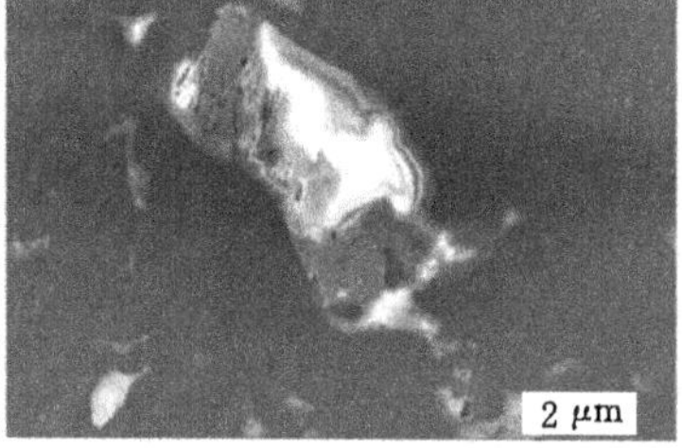

（g）铁白云石中溶蚀孔，FESEM[139]

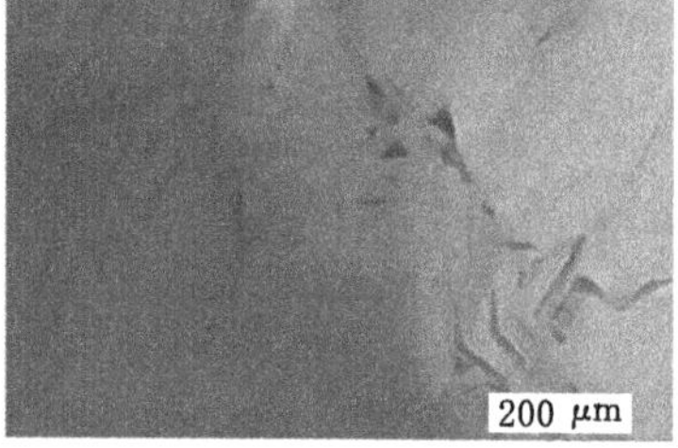

（h）高岭石晶间孔，FESEM[139]

图 2-2　典型煤中孔隙

根据裂隙成因类型与结构特征，煤中发育的裂隙主要有两种类型，即宏观裂隙和微观裂隙。

宏观裂隙包括外生和内生（割理）两大类：

第一类，外生宏观裂隙是煤层形成后受构造运动剪切或拉张应力作用而形成，以中型和大型裂隙为主，往往与煤层层理呈一定夹角，不受限于煤岩类型，沿层理面的延伸长度变化较大，介于几十厘米至数百米之间，而裂口宽度介于几百微米至几毫米之间，发育密度相对较小。

第二类，内生宏观裂隙（割理）是在煤化作用过程中，煤中凝胶化组分由于多种压实作用、脱水、脱挥发分的收缩作用（不排除古构造应力场的影响）等综合因素作用下形成的裂隙。割理多与煤层层理垂直或近于垂直，埋深较浅的煤层可能发育顺层裂隙。

微观裂隙也可分为内生显微裂隙和外生显微裂隙，内生显微裂隙包括失水裂隙和静压裂隙，外生显微裂隙包括张性裂隙、压性裂隙、剪性裂隙、松弛裂隙等。内生显微裂隙主要是由收缩应力和上覆岩层静压力作用形成的[141]，一般较发育，与煤层割理局部连通，使煤层裂隙的连通性增加[142]。外生显微裂隙又称为构造显微裂隙，是后期定向构造应力作用于相对致密组分（均质镜质体和半丝质体）形成的[137,142]，张性裂隙、剪性裂隙是较常见的外生显微裂隙，均主要发育于镜质组，不受显微组分的制约，长度为几百微米甚至 1～2 cm，裂口宽度介于几微米至几十微米之间，属于大孔。

超显微裂隙是一种缩聚裂隙，即在一定静岩压力作用下，随着煤演化程度的提高，缩合环显著增大，侧链和官能团减少，煤分子发生拼叠作用并产生定向排列而形成的[137,142-145]。中、低阶煤结构单元的芳构化程度较低，大分子堆积较疏松，超显微裂隙不发育，主要见于塑流性强的组分；随煤阶的升高，超显微裂隙发育程度提高[137,143]。

典型的煤中裂隙如图 2-3 所示。

在施工过程中，一般用孔隙度（φ）来整体上描述煤岩孔隙结构特性。孔隙度的定义为：煤岩的孔隙空间体积（V_P）与总体体积 V_b 之比。

将煤岩中固体骨架的体积记作 V_S，则：

$$\varphi=\frac{V_P}{V_b}=\frac{V-V_S}{V_b} \tag{2-1}$$

2.1.2　煤体的吸附特性

研究表明，直径在 10^{-8} m 以下的煤体微孔的内表面积高达 200 m^2/g，占煤总孔隙表面积的 97.3%[146]。由此可见，煤的吸附容积是巨大的，是一种天然的吸附剂。

(a) 外生宏观裂隙，井下煤壁观测[144]

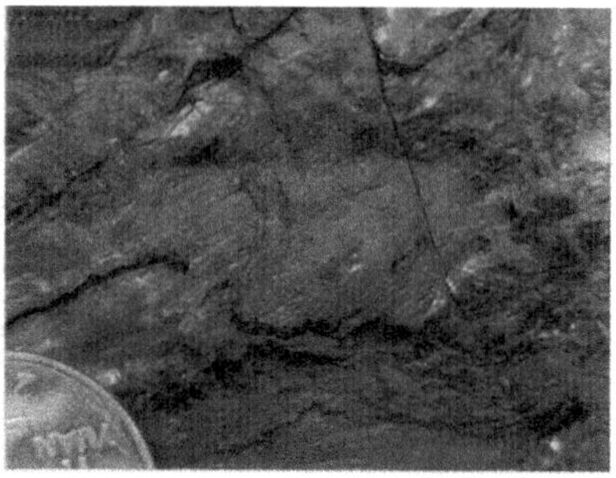

(b) 割理，室内岩芯描述[142]

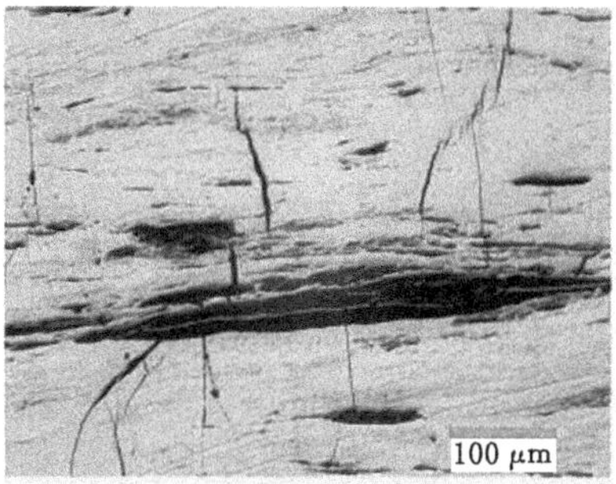

(c) 失水裂隙，OM[139]

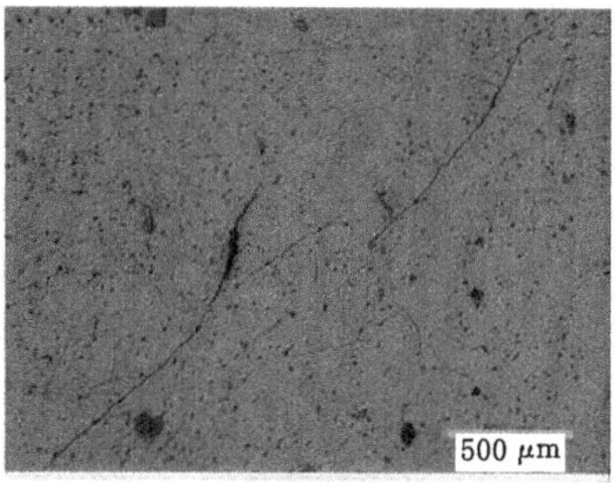

(d) 静压裂隙，OM[145]

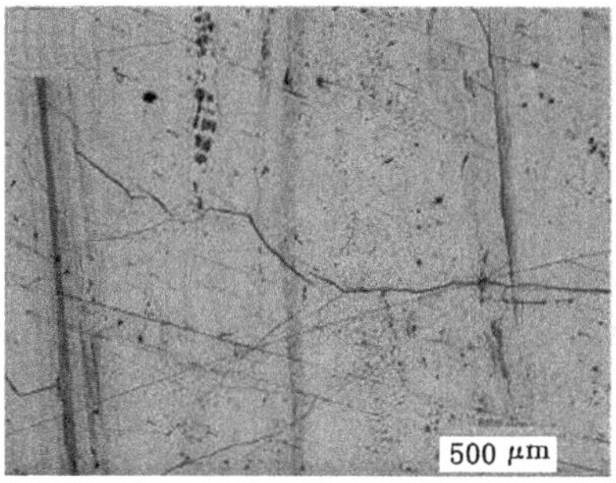

(e) 张性裂隙，OM[145]

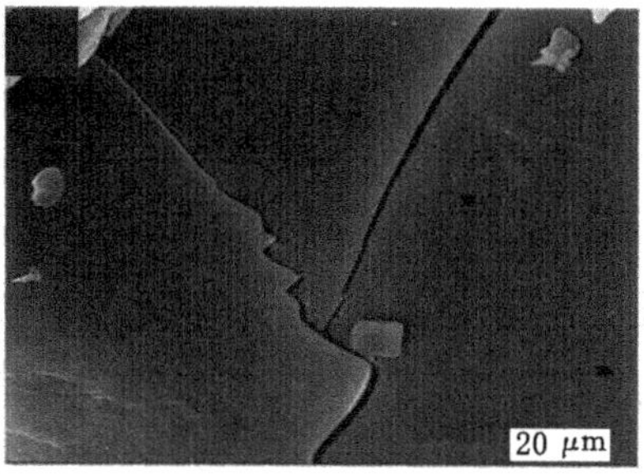

(f) 剪性裂隙，ESEM[139]

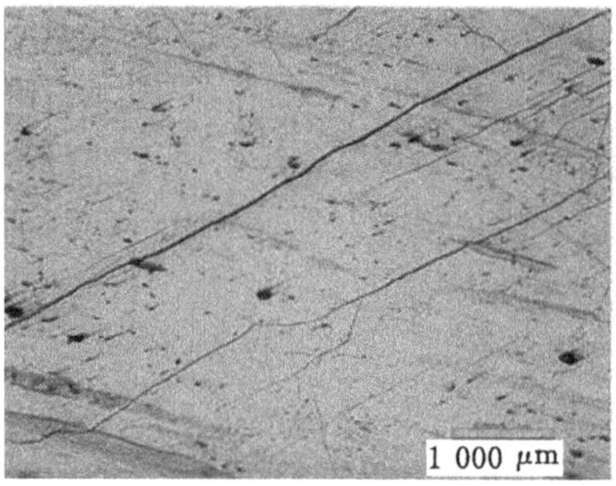

(g) 压裂隙，OM

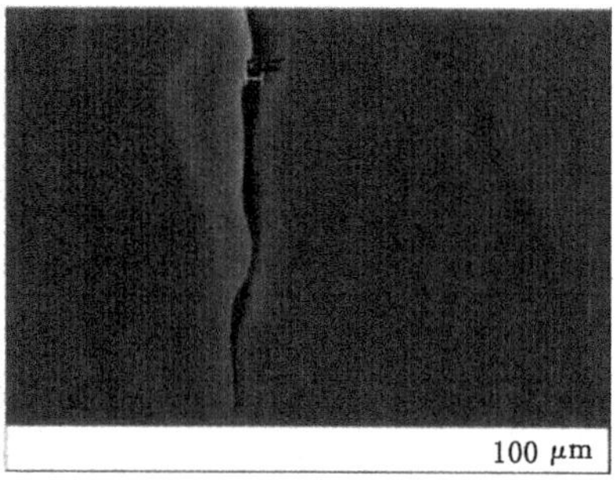

(h) 超显微裂隙，FESEM[145]

图 2-3　典型煤中裂隙

在目前的开采深度内，煤层瓦斯的赋存状态主要有吸附态和游离态两种形式，其中，游离态的瓦斯仅占瓦斯含量的 10%左右。游离状态和吸附状态的瓦斯处于动态平衡中，在一定条件下会相互转化。当瓦斯压力增大或温度降低时，部分游离状态瓦斯向吸附状态转化，称为瓦斯吸附现象；反之，当瓦斯压力降低或温度升高时，部分吸附状态瓦斯转变为游离状态，称为瓦斯解吸现象。

煤对瓦斯的吸附一般为物理吸附[147-148]，当温度恒定时，符合 Langmuir 单分子层吸附规律，吸附量可以表达为：

$$X = abp/(1 + bp) \tag{2-2}$$

式中　X——瓦斯吸附量，cm^3。

p——瓦斯压力，MPa。

a，b——吸附常数，与煤本身的吸附性能有关。在温度不变的条件下，瓦斯吸附量随瓦斯压力的增加呈抛物线规律增加，当瓦斯压力趋近$+\infty$时，吸附量趋近于 a，即极限瓦斯吸附量。

2.1.3　煤体的强度特性

煤岩在压缩、拉伸、剪切或弯曲等各种荷载作用下发生破坏时所承受的最大荷载应力称为煤岩强度，单位为 MPa，包括抗剪强度、抗拉强度、单轴抗压强度和三轴抗压强度等。

抗剪强度是指煤岩在给定正应力下受剪切破坏前能够承受的最大剪切应力。抗拉强度是指煤岩在单向拉伸时能承受的最大拉应力。单轴抗压强度是指煤岩在无围压情况下承受的最大压缩应力。而三轴抗压强度是有围压情况下煤岩能够承受的最大压缩应力。

煤岩强度的测定方法主要包括钻孔触探法、点荷载强度指数测定法和单向抗压强度测定法。这些方法各有特点，适用于不同的测试需求和场景。

钻孔触探法是在煤岩块上钻取标准试件，然后使用煤岩体强度测定装置测定探针临界载荷，通过分析探针破坏钻孔壁煤岩的形态来确定煤岩强度。这种方法适用于深部矿区的原位测试，能够有效地反映煤岩的真实强度特性。

点荷载强度指数测定法则适用于低强度不规则试件。通过测量试件在特定加载条件下的破坏载荷，计算点荷载强度指数。这种方法适用于现场不规则试件的强度评估。

单向抗压强度测定法则是在实验室条件下，对标准形状的煤岩试件进行单向压缩测试，记录试件的破坏载荷，从而计算出单向抗压强度。由于这种方法需要制备标准试件和利用精确测试设备，因而需要在实验室内完成。

目前，人们根据煤岩等材料的不同破坏机理建立了多种强度判据准则，如莫尔破坏准则、格里菲斯强度准则、最大拉应变准则、库仑-纳维准则等。在分析井下煤岩体剪切破坏时，莫尔破坏准则的应用较为广泛。

根据莫尔破坏准则，当某一截面上的剪应力 τ 增加到某一极限值 τ_0 时，将开始发生剪切破坏。τ_0 取决于该截面上的正应力 σ_n，即 $\tau_0=f(\sigma_n)$ 这一函数关系式可通过三轴压缩实验确定。通过试验可得出煤体破坏时的一组极限应力圆，应力圆的包络线即为煤的破坏曲线。包络线的渐近线可表示为：

$$\tau=c+\sigma_n\tan\phi \tag{2-3}$$

式中 c——内聚力，MPa；

τ——剪应力，MPa；

σ_n——正应力，MPa；

ϕ——内摩擦角，(°)。

2.1.4 煤岩的变形特性

在刚性压力机上进行单轴压力试验，可以得到完整的煤岩应力应变全过程曲线。典型的煤岩全应力-应变曲线如图 2-4 所示。

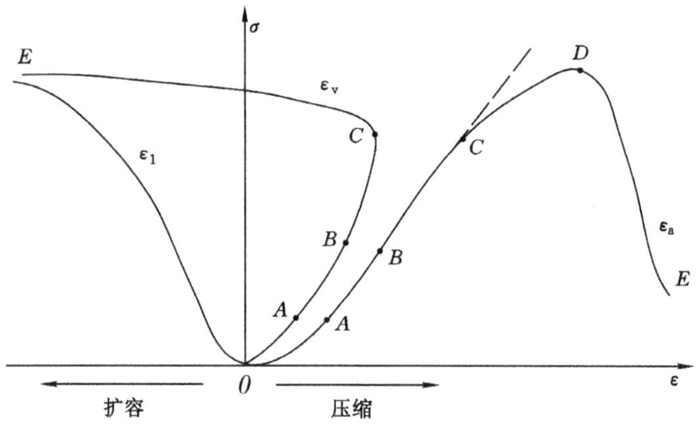

图 2-4 煤岩应力-应变全过程曲线[149]

全应力-应变曲线一般可分为以下 5 个阶段：

(1) 裂纹压密阶段(OA)

煤岩样中原有张开的结构面逐渐闭合，充填物被压密，压缩变形具有非线性特征，应力应变曲线呈缓坡上凹形。

(2) 弹性变形阶段(AB)

经压密后，煤岩样由不连续介质转化为似连续介质，进入弹性变形阶段，该过程长短主要视岩石坚硬程度而定。应力消失后，变形在很大程度上可以恢复，σ_B 为弹性极限。

(3) 稳定破裂阶段(BC)

超过弹性极限以后,煤岩样内开始出现微裂纹,且随应力差的增大而发展。当应力保持不变时,破裂也停止发展。由于微裂纹出现,岩样体积收缩速率减缓,而轴向应变速率和侧向应变速率均有所增高。

(4) 非稳定破裂阶段或累进性破裂阶段(CD)

进入本阶段后,微破裂的发展出现了质的变化。在此阶段,即使加载应力保持不变,破裂仍会不断地累进性发展,即通常某些最薄弱环节首先破坏,应力重分布的结果又引起次薄弱环节破坏,依次进行下去直至整体破坏。体积应变在点 C 由收缩转为膨胀,该点为体积膨胀点,其对应的应力称为损伤应力或长期强度。

(5) 峰后阶段(DE)

当试件的承载力达到峰值以后,内部微破裂面发展成为贯通性破裂面。试件在此阶段承载力迅速降低,破裂岩块沿宏观断裂面滑移。此时试件仍具有一定承载力,σ_E 为残余强度。

研究表明,煤岩在三轴压缩作用下的变形与单向压缩状态下的变形存在着较大的差异。三轴应力状态下,应力-应变曲线一般无原生裂隙的压缩闭合阶段,岩石试件可能发生脆性向延性的转变,一定程度上抵消了因岩石非均质性所产生的横向张力,致使岩石形成轴向裂隙的可能性降低,岩石的破坏是剪断性微裂纹贯通的结果。Paterson[150]对大理岩进行了常规三轴压缩试验。当围岩压力超过 20 MPa 时,大理岩产生由脆性向延性的转变[151]。

2.1.5 煤岩的渗透特性

煤岩的渗透特性是指煤岩在一定压差下通过流体的能力,通常用渗透系数 K 来衡量。由于渗透系数最早是在研究地下水问题中提出的,因而又称为水力传导系数。

一方面,煤岩渗透参数取决于本身孔隙特性,如颗粒大小、排列、孔隙率等;另一方面,煤岩渗透参数还与通过的流体性质有关,如密度、黏性等。渗透系数具有速度的量纲(L/T),常用 cm/s 或 m/d 为单位。煤岩的渗透系数可表示为:

$$K = k\frac{\rho g}{\mu} = k\frac{\gamma}{\mu} \tag{2-4}$$

式中　K——煤岩的渗透系数,m/s;

k——多孔介质的渗透率或内在渗透率,m^2;

ρ——流体的密度,kg/m^3;

μ——流体的动力黏度,Pa·s;

γ——多孔介质的容重,N/m^3。

常见岩石的渗透系数见表 2-3。

表 2-3 常见岩石的渗透系数[152]

岩石名称	地质特征	$K/(cm \cdot s^{-1})$
花岗岩	新鲜完整	$(5 \sim 6)\times10^{-2}$
玄武岩	—	$(1.0 \sim 1.9)\times10^{-3}$
安山质玄武岩	弱裂隙的	1.16×10^{-3}
	中等裂隙的	1.16×10^{-2}
	强裂隙的	1.16×10^{-1}
结晶片岩	新鲜的	$(1.2 \sim 1.9)\times10^{-2}$
	风化的	1.4×10^{-3}
凝灰质角砾岩	—	$(1.5 \sim 2.3)\times10^{-4}$
凝灰岩	—	$6.4\times10^{-4} \sim 4.4\times10^{-3}$
石灰岩	小裂隙的	$1.4\times10^{-7} \sim 2.4\times10^{-4}$
	中裂隙的	3.6×10^{-3}
	大裂隙的	5.3×10^{-2}
	大管道内	$4.0 \sim 8.5$
泥质页岩	新鲜、微裂隙	3.0×10^{-4}
	风化、中等裂隙	$(4 \sim 5)\times10^{-4}$
砂岩	新鲜	$4.4\times10^{-5} \sim 3\times10^{-4}$
	新鲜、中等裂隙	8.6×10^{-3}
	具有大裂隙	$(0.5 \sim 1.3)\times10^{-2}$
褐煤	—	$1.7\times10^{-2} \sim 2.39\times10^{-2}$

以水作为导流介质，则洁净的砂或砂砾石的渗透系数一般为 $1 \sim 10^{-3}$ cm/s，砂岩的渗透系数一般为 $10^{-5} \sim 10^{-7}$ m/s，煤体的渗透系数一般为 $10^{-3} \sim 10^{-5}$ cm/s。渗透系数数值与典型多孔介质对照关系如图 2-5 所示。

此外，渗透系数还和煤岩介质所受的应力及水力梯度有关。煤岩在被破坏前，所受应力越大，其渗透系数越小；由于流体的孔隙压力可促使煤岩裂隙的扩展，因而水力梯度越大，渗透系数也越大。

煤层瓦斯是一种可压缩性流体，在煤层中流动时的密度、体积均可能改变，因此瓦斯的流动要比水的流动过程要复杂得多。瓦斯在煤层中流动基本符合达西定律，利用达西公式进行推导，得到煤层透气性系数为：

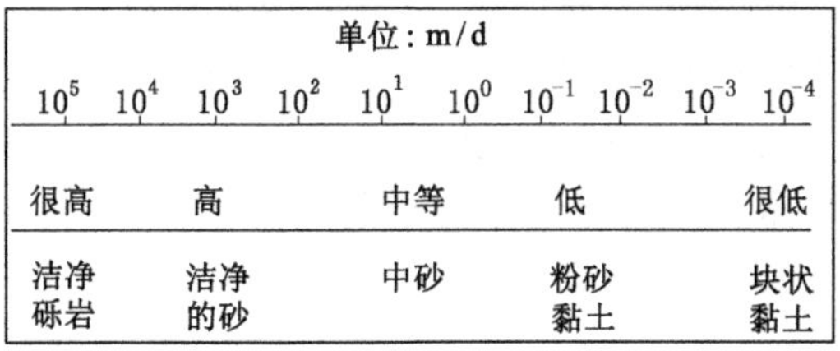

图 2-5　典型多孔介质的渗透系数[153]

$$\lambda=\frac{k}{2\mu p_n} \tag{2-5}$$

式中　k——煤层的渗透率，m^2；

μ——瓦斯的动力黏度，对于甲烷气体，$\mu=1.08\times10^{-6}$ Pa·s；

p_n——标准大气压，101 325 Pa。

λ 的单位为 $m^2/(MPa^2\cdot d)$，其物理意义是：当 1 m^3 煤体任意相平行的两个侧面的瓦斯压力平方差为 1 atm^2 时，通过 1 m^2 煤面，每日流过的瓦斯体积。根据式(2-5)计算，透气性系数 λ 值为 1 时，该煤层的渗透率 k 的值为 2.5×10^{-17}，1 $m^2/(MPa^2\cdot d)$=0.025 mD，1 mD=40 $m^2/(MPa^2\cdot d)$。

透气性系数 λ 与渗透系数 K 是两个不同意义的概念：透气性系数主要是指煤岩体对瓦斯流动的黏滞和阻碍作用，可反映瓦斯沿煤层流动的难易程度，是煤层瓦斯抽采的一个重要指标；而渗透系数体现了煤岩体通过不同气体的能力。几种煤层的透气性系数见表 2-3。

表 2-3　几种煤层的透气性系数[154]

矿井	煤层	$\lambda/[m^2\cdot(MPa^{-2}\cdot d^{-1})]$
抚顺龙凤矿	本层	150
包头河滩沟	—	11.2～17.2
鹤壁六矿	—	1.2～1.8
焦作朱村矿	—	0.4～3.6
涟邵蛇形山	4	0.2～1.08
中梁山矿	K1	0.32～1.1 6
北票冠山矿	—	0.008～0.228
天府磨心坡	9	0.004～0.04
淮南谢家集一矿	B11b	0.228
淮北芦岭矿	8	0.028
阳泉北头咀	3	0.016

影响煤体的透气性的因素有地应力、煤的吸附性及瓦斯压力。随着工作面推进，前方煤层内的地应力会出现局部降低或升高的现象，相应区域煤体的透气性也将发生变化。一般情况下，当应力升高时，煤体的透气性降低；反之，透气性增加。研究发现，煤体对瓦斯等气体的吸附性越强，煤中的渗透容积减小的越多，相应其渗透率越低，且这种降低趋势会随瓦斯压力的增加而增强。

科林伯格效应(Klinken-Berg effect)或滑脱效应认为，气体在煤岩等孔隙介质中的低速渗流特性不同于液体，气体在煤岩孔道壁处不产生吸附薄层，气体分子的流速在孔道中心和孔道壁处无明显差别，导致气体在煤岩中具有较高的流量，渗透率大于液体。当压力极低时，气体分子的平均自由路程达到孔道尺寸，气体分子扩散可以不受碰撞而自由飞动，导致视渗透率增加；煤岩渗透率越低，滑脱效应越明显，压力越低，滑脱效应也越明显。有关活脱效应，有人还提出了实验室证据。例如，气测渗透率会随气体压力升高而降低，解释为气体压缩后其性质趋于液体，滑脱效应减弱。

对气体滑脱效应也有学者提出了质疑，如西南石油大学李传亮教授提出了反滑脱效应观点。他提出，用达西定律计算渗透率时需要气体的黏度，由于气体黏度不好测量，在大多数情况下将其当作一个常数。事实上，气体的黏度系数会随压力的产生较大幅度变化，导致计算的渗透率出现了较大变化。因此，渗透率没有变化，气体滑脱现象并不存在。

煤体在形成和后期漫长地质年代内经历了物理、化学及生物性作用，内部往往存在不同程度的损伤痕迹，如孔隙、裂隙、节理等。煤的组构特点既造成了力学强度上的非均质和各向异性，也造成了渗流行为的非均匀性和各向异性，因此在客观上决定了采动扰动下煤体力学渗流参数的变化也是非线性的。

2.2 地质构造对突出要素的影响

在地球运动和内部能量的驱使下，地壳及上地幔上部(岩石圈)会产生一种机械运动，被称为构造运动或地壳运动，按运动方向可分为水平运动和垂直运动。垂直方向的构造运动使相邻块体产生差异性上升或下降；水平方向的构造运动使岩块相背分离或相向挤压，其中水平方向的构造运动对地应力的形成及特性影响最大[155]。

构造运动使地壳中的岩层发生变形和变位，形成褶皱构造、断裂构造和倾斜构造等构造行迹，这些构造行迹统称为地质构造。与地质构造运动有关的地应力场，称为构造应力场，构造应力场包括 3 个基本要素：方向、大小和性质。按时期划分，构造应力场可划分为古构造应力场、新构造应力场和现代构造应力场。近代地质力学的观点认为，全球范围构造应力多以水平应力为主。

一般来说，大的地质构造控制突出的分区分带性，中小型构造是应力相对集中的部位，容易诱发突出。资料表明，突出煤层中地质构造区域一般仅占到10%～20%，但这些地质构造区域却影响和控制着整个煤层的突出区域分布。在高瓦斯或突出煤层采掘过程中，当遇到地质构造时，更容易发生突出或突出的强度增加，而在地质构造不发育的区域，即使埋藏深度很大，发生突出的强度也很小。

据统计，山西阳泉矿区 80%以上的突出发生在地质构造区[156]。开滦矿区 60%的突出发生在以断层为主的构造附近。四川芙蓉矿有 47 次突出发生在断层和褶皱构造附近[157]。安徽淮南矿区 85%以上的突出与以断层为主的构造有关。河南平顶山矿区、江苏某些矿区的突出也与构造有关[158]。南桐矿区截至 1987 年底发生了 1 000 余次突出，突出点主要分布在向斜轴、背斜的倾伏端、扭褶带及压扭性断层附近，而背斜轴附近很少有突出点分布[159]。1972 年以来，沈焦矿区红阳二矿发生了 136 次有记录的突出，其中在 44 次典型突出中，地质构造处发生 24 次，火成岩侵入影响区域发生 17 次。

我国部分矿井发生突出事故地点的地质构造类型见表 2-4。

表 2-4　突出与地质构造的关系统计表[160-161]

年份	矿区名称	突出次数	地质构造类型	备　注
2009	黑龙江新兴煤矿	1	断层带、火成岩侵入区	特大突出事故，受 F47、No4、No1 断层控制，火成岩侵入加剧瓦斯富集
2010	河南平顶山矿区	8	褶皱带	南部矿井构造煤发育，向斜轴部应力集中导致突出频发
2013	陕西神木矿区	10	断层带	深部开采区域，高应力环境下断层活动显著
2015	内蒙古鄂尔多斯矿区	9	断层带	断层密集区，煤层围岩封闭性良好，瓦斯压力积累
2018	云南昭通矿区	4	裂隙带	小断层附近煤体破碎，瓦斯富集
2020	湖南娄底矿区	11	断层带	大型断层控制区域，煤体物理结构破坏严重
2021	江西萍乡矿区	5	褶皱带	向斜轴部构造煤发育，地应力异常

表 2-4(续)

年份	矿区名称	突出次数	地质构造类型	备 注
2022	贵州六盘水矿区	15	断层带	深部复杂地质条件,断层活动频繁
2023	安徽淮北矿区	6	裂隙带	煤层倾角变化导致应力集中,裂隙带瓦斯渗透性强
2024	山西大同矿区	12	断层带	高强度开采导致浅层资源枯竭,深部断层活动加剧突出风险

2.2.1 构造对地应力的影响

构造形迹的展布变化直接反映了地壳内部应力的分布和变化,进而影响构造应力场的形成和演化。构造形迹的展布变化主要体现在地形地貌的变化、岩层和构造带的走向、地质构造的形成等方面。

地质构造形迹,如断层、褶曲、节理、裂隙等,对构造应力的影响非常明显,尤其是正在形成的地质构造,会在其附近很小的范围内造成很大的应力分布异常。如图 2-6 所示,平推断层、正断层和逆断层可在附近区域分别形成剪应力区、拉应力区和压应力区构造应力场。

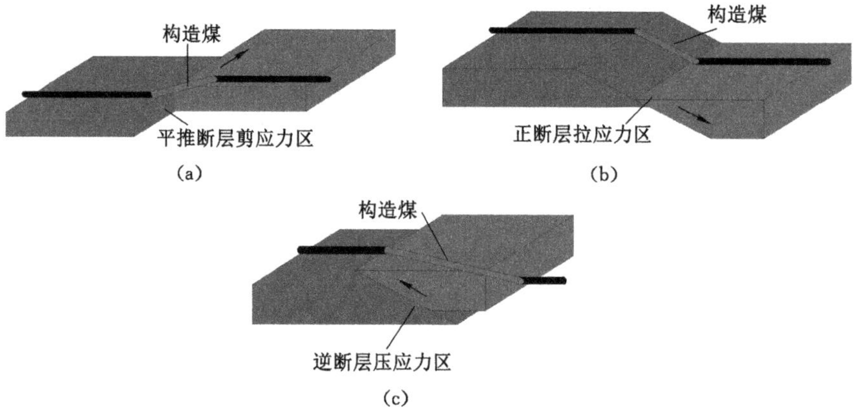

图 2-6 断层构造形成的不同类型的应力异常区示意图[162]

由图 2-7 可以看出,由于断裂走向的变化,主应力迹线[图 2-7(a)]与主应力集中[图 2-7(b)]都发生了显著变化;在相同的条件下,不同形状弯曲的断裂,应力集中分布情况也不一样[图 2-7(c)];两条不同交叉方式的断裂,应力集中分布情况也都发生了变化[图 2-7(d)]。断裂的直线状、弯曲状、交叉状之间的应力场差异的变化则更为明显。

注意：图 2-7 中的箭头代表边界外力作用方向。

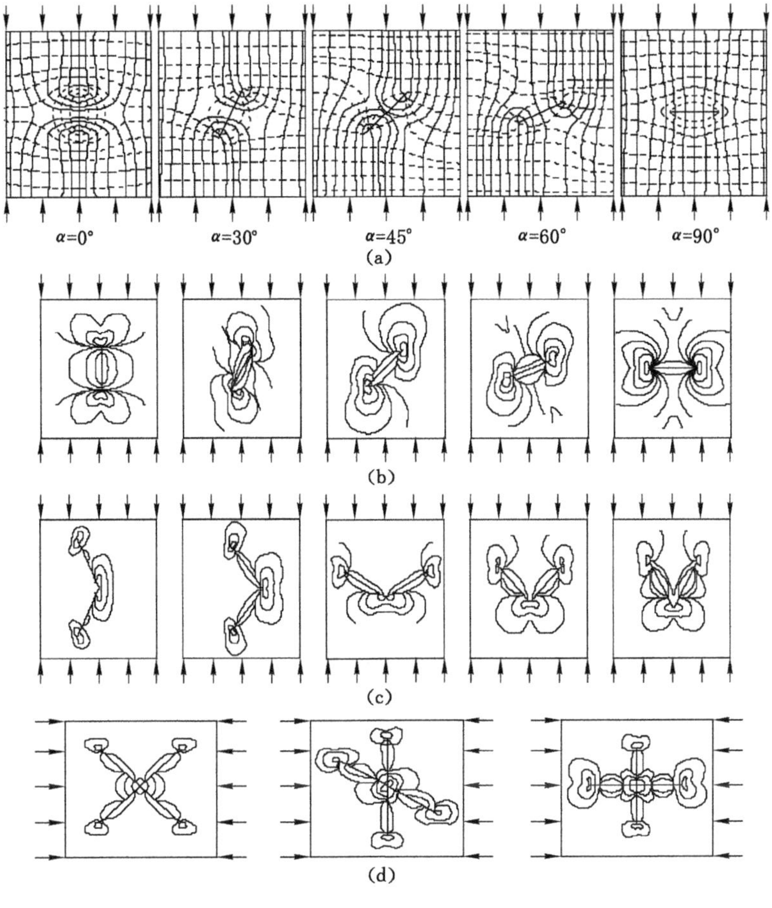

图 2-7　断裂的不同形态及其展布与应力场的变化对比图[163]

于不凡[164]假设构造应力来自水平（X 轴）方向的压应力 σ_{gx}，给出了构造应力场的各应力分量如下。

① 在离地表较深处，可以近似地认为：在水平（Y 轴）及垂直（Z 轴）方向不允许变形发生，即 $\varepsilon_{gy}=\varepsilon_{gz}=0$，则压应力 σ_{gx} 作用在 Y、Z 轴方向的两个分量为 $\sigma_{gy}=\sigma_{gz}=\dfrac{\nu}{1-\nu}\sigma_{gx}=k\sigma_{gx}$，其中 ν 为泊松比。

② 在离地表较浅处，可以近似地认为：在水平（Y 轴）方向不允许变形发生

即 $\varepsilon_{gy}=0$，而在 Z 轴的铅垂方向不存在压缩力（$\sigma_{gz}=0$），则由广义定律求得 $\sigma_{gy}=\frac{\nu}{1-\nu}\sigma_{gx}=k\sigma_{gx}$。

国内外许多学者发现，重力异常、密度异常与构造应力的关系[165-168]。党亚民等[169]利用 360 阶的 EGM96 地球重力场球谐系数，演算了不同深度球层的密度异常及不同深度球层的构造应力变化，发现在密度不变的情况下，随着深度的增加构造应力也随之增加，在密度变化较大的地区，构造应力的变化也较大；同时，给出了构造应力的计算公式：

$$\Delta\sigma_{xx}(H)=-\rho_{c}gH(1-\frac{\rho_{c}}{\rho_{m}})-\Delta\rho gH(1-\frac{\rho_{c}}{\rho_{m}}) \tag{2-6}$$

式中 $\Delta\sigma_{xx}(H)$——构造应力；

ρ_{m}——地幔密度；

ρ——真实密度；

ρ_{c}——地壳平均密度；

$\Delta\rho$——密度异常。

构造应力属于地应力，与突出的发生有着密切的联系。在褶曲构造的褶扭部位、扭性断层的两侧、断裂的交汇带、火成岩的侵入带、旋转构造的收敛端和构造体系的复合部位等构造区域内，煤岩层结构和密度变得极不均衡，会引起内部应力分布的不均衡，容易出现局部应力集中，集中应力可增至自重应力的几倍甚至几十倍，为突出的发生提供了有利条件[170-171]。

需要指出的是，即使早期促使构造运动的能量已经消散，其构造应力仍会存在于岩体内。现场实例发现，很多突出发生在过断层的前、中、后阶段，断层成为突出的通道或突破口。有学者认为，压性或压扭性断层属封闭性构造，瓦斯含量高、瓦斯压力大，因而突出的危险性也大，而张性断层属开放性构造，突出危险性小或者不发生突出；在封闭的边界条件下，小断层密集发育的地带，特别是低级别压扭性断裂发育地段、压性或压扭性结构面间所夹的块段、地堑式构造的中间块断等，也易发生突出。

但是，不论开放型的构造还是封闭型的构造，构造应力场并没有消失，即突出发生的一个关键因素——应力依然存在，在其他两个条件（瓦斯压力、煤体强度）具备的情况下，仍然会对突出发挥极大的影响作用。在《防治煤与瓦斯突出细则》①中有关区域验证措施要求“在构造破坏带连续进行区域验证”，因此对于落差小于煤层厚度的小断层，也应当按照该细则要求执行。

---

① 国家煤矿安全监察局．防治煤与瓦斯突出细则[M]．北京：煤炭工业出版社，2019.

2.2.3 构造对煤结构的影响

我国古生代煤田经历了中生代以来不同规模构造运动的挤压、剪切等作用，煤层中的一个或若干个分层可能被破坏，煤体易发生变形、破坏及迁移。构造作用下煤层内部的某些分层甚至整个煤层破坏变形成为片状、鳞片状或糜棱状，被称为“构造煤”。构造煤通常分为如下 3 类。

(1) 碎裂煤

在密集的、相互交叉的裂隙网切割作用下，成为分离的不规则块体，外形呈尖棱角状。

(2) 碎粒煤

构造应力作用下，煤体破碎成粒状，并被重新压紧，在构造活动中，颗粒相互摩擦失去棱角，粒径一般在 1 mm 以上。

(3) 碎粉煤

构造应力作用下，煤体颗粒相互压挤，进一步研磨破碎，粒径在 1 mm 以下。

对构造煤的研究，有助于查明煤层变化的原因，发现加厚带和变薄带的延伸方向，推断构造应力场的存在区域。

《煤矿安全规程》①指出，煤结构的破坏程度是衡量突出危险性的一项重要指标。国内外突出地点的相关瓦斯地质资料表明，突出煤层一般都有层理紊乱、煤质松软的特点，这种特殊结构的煤，习惯上被称为“软分层煤”。软分层煤从构造角度上分析，属于构造煤，是构造应力作用下形变的产物。闫江伟等[172]结合大量理论预测与工程实践，提出以构造煤为核心的突出机理。

从地质意义上来讲，煤结构的破坏是构造应力作用的结果。破坏后的煤体结构实际上就是一种构造形迹，所以构造煤的分布也必然受构造应力场的控制。张玉贵[173]阐述了高能瓦斯和构造煤对突出的控制机理，并且绘制了地质构造对煤结构及突出的控制关系，如图 2-8 所示。由图 2-8 可以看出，构造运动形成构造应力场，构造应力场控制着构造煤的分布，进而控制着突出的区域的分布。

相比地质构造简单的地带，构造复杂的地带对煤体的破坏更为严重，突出危险性也相对较大[174]。试验表明，煤的坚固性系数 f 随着煤的破坏程度的增高而降低，瓦斯放散指数 ΔP 随着煤的破坏严重程度增加而增大，弹性波在煤体中传播速度随着煤的破坏程度的增高而减慢，煤层游离瓦斯的含量也会随着煤的破坏程度的增加而增大，这些结构特点决定了构造煤易诱发突出的特性。

2.2.2 构造对煤层瓦斯的影响

在目前的采深范围内，瓦斯(CH_4)以两种状态赋存于煤层中：一种是吸附态

① 中华人民共和国应急管理部. 煤矿安全规程[M]. 北京：应急管理出版社，2022.

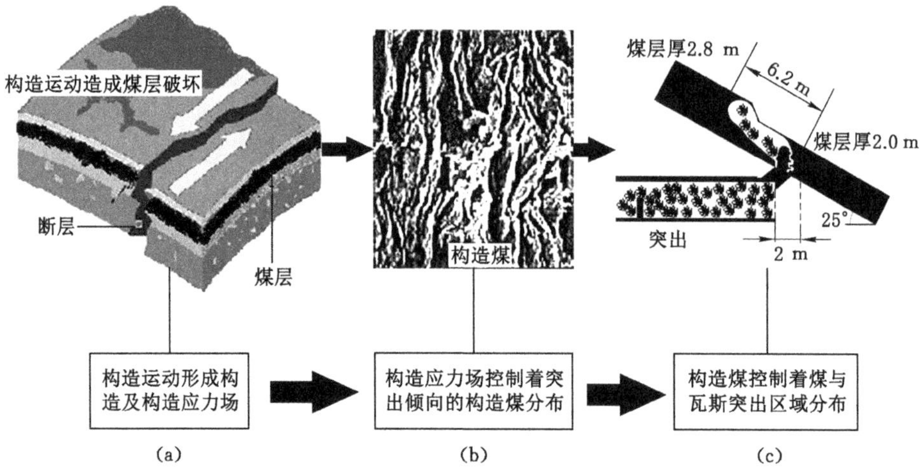

图 2-8　地质构造对构造煤及突出的控制示意图

的瓦斯,它占据着煤颗粒位置及煤颗粒之间的微小间隙;另一种是游离态瓦斯,它以承压状态存在于煤的孔隙表面、孔隙和裂隙中。

处在构造带的煤体,其变质程度(如遭受火成岩侵入)、煤结构、煤颗粒和孔隙的组合以及煤的破坏形态等均产生异常。对于构造区域的煤层,由于受到构造挠动,微裂隙进一步拓展,将许多原来相对封闭的微裂隙和微孔隙连通起来,使瓦斯具有很高的解吸速度,瓦斯突出煤体具有快速解吸瓦斯的能力。

另外,煤的孔隙容积越大,游离瓦斯的体积就越大,游离瓦斯在突出过程中可激发破碎块煤和抛射碎煤。因此,构造区域内煤的吸附比表面积、吸附和解吸能力和游离瓦斯体积均大于非构造区域的煤。构造运动可以形成有利于瓦斯聚集的构造区,在相同瓦斯压力下,封闭性构造区也就是瓦斯富集区。

构造运动对煤的大孔与裂隙影响很大,而大孔与裂隙又是瓦斯流动的主要通道,所以构造运动很大程度上影响了煤的透气性。处在构造应力集中带的煤体,裂隙处于封闭状态,透气性系数小,瓦斯难以流动;而处在构造破坏松弛带的煤体,新旧裂隙连通,并处于开放状态,大孔与裂隙张开,透气性系数大,瓦斯易于流动。石门巷道等掘进开挖活动,相当于人为制造的即时性“构造运动”。从对煤体力学特性影响程度的角度来看,这种即时性“构造运动”对煤体的影响要强于历史“构造运动”,甚至是决定性的。

在石门揭煤时,若在待揭煤层附近存在岩浆侵入等地质构造,会形成应力“闸门”效应,一旦突然打开这个“闸门”,极有可能诱发突出的发生。如图 2-9 所示,石门揭煤巷道由掘进面Ⅰ位置到掘进面Ⅱ位置时,已经十分靠近待揭突出煤层。此时，前方围岩会在采动应力影响下形成应力集中，由于岩体强度要比煤体大的多，可以承受这种应力集中造成的附加应力，而不会自行破坏，这时前方就像形成了一道“闸门”。而前方软弱煤体虽然在集中应力作用下破碎程度进一步增加，内部赋存着高压瓦斯，但在保护岩柱的抵挡下煤体仍然能保持临界稳定状态。若没有适时采取瓦斯抽采措施，石门巷道继续推进直至突然揭露煤体，即在煤体表面处突然打开应力“闸门”，失去抵挡作用的煤体就会向石门巷道方向疾速膨胀变形，应力状态发生突变，透气性系数成百上千倍增加，造成煤体中大量的高承压瓦斯瞬间解吸和流动。与此同时，由于瓦斯对煤体的力学作用已经从原来的孔隙面积扩至整个暴露断面，推动力陡增，因而瓦斯压力已经演变成为破碎和抛出煤体的基本动力。

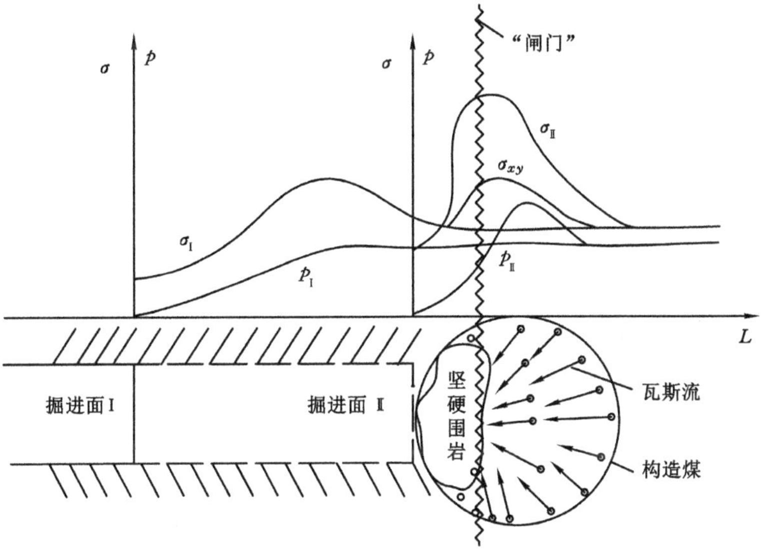

σ—地应力；p—瓦斯压力；σ_{xy}—构造应力。

图 2-9　应力对瓦斯流动的控制示意图

Beamish 等[175]阐释了断层处发生突出的机理，如图 2-10 所示。他们认为，工作面前方一般存在一个长度为 5～20 m 的卸压带，为煤体内瓦斯解吸和释放提供了时机[图 2-10(a)]，而当工作面靠近地质构造时，就会产生明显的应力集中现象，造成煤的硬度增加，透气性大大降低，就像按上了一个“闸门”一样。煤体中的瓦斯来不及安全释放，致使工作面前方附近煤体瓦斯含量及梯度、瓦斯压力及梯度也会异常升高[图 2-10(b)]。随着开采进行，高应力煤体突然破坏，裸露煤表面的瓦斯压力很低，从而在内部高瓦斯压力作用下发生突出[图 2-10(c)]。

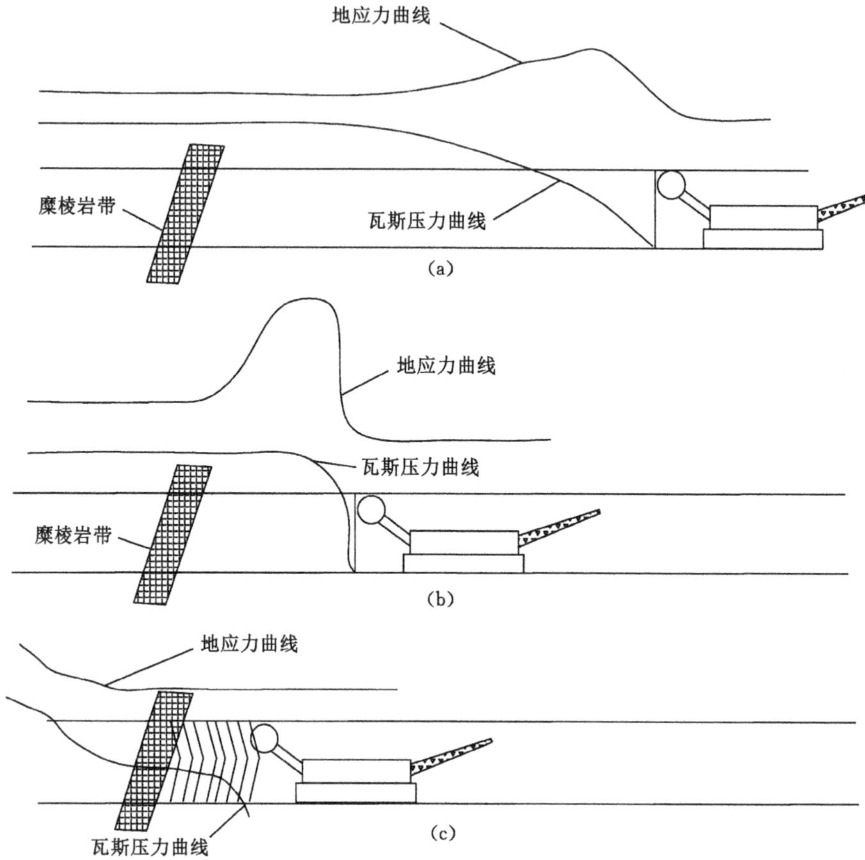

图 2-10　构造带对瓦斯压力和压力梯度的影响示意图

2.3　本章小结

本章介绍了煤岩力学特性的一些影响因素，包括煤的孔隙结构，吸附/解吸性能，强度特性、变形特性及渗透特性；分析了地质构造对地应力、构造煤发育、瓦斯赋存流动的影响，进而引申到地质构造对突出的影响控制作用。本章的理论分析内容是研究石门揭煤围岩力学特性的基础，也是研究复杂地质条件下石门揭煤突出机理的基础。

第3章 石门揭含封闭型地质构造煤层突出理论模型

3.1 煤岩层含能构造包体研究概述

从20世纪七八十年代开始，苏联、美国及中国等国的有关学者在研究岩爆和矿震发生前兆问题时，就提出过岩石破裂和失稳的“包体模型”。法国的鲁夫、苏联的贝可夫和英国的果耶等人提出了煤与瓦斯突出的“瓦斯包”说[176]，认为煤层内存在高压“瓦斯包”，其周围的煤体致密，当工作面接近这种“瓦斯包”时，煤壁会发生破坏并抛出煤炭。我国学者分别在20世纪80年代和21世纪初期也提出了诸如突出中心发动模型、气球模型等。

在国外Brady[177-179]提出了包体理论，从理论角度论述了软包体在地震发生与前兆机制中的作用。Rice[180]提出了“包体弱化模型”，强调了应变软化对破裂失稳和破裂前兆的影响，将破裂类型分为3种：均匀形变的局部化（条带）、非均匀带的局部失稳（包体弱化）、准静态断层滑动的失稳，并应用该模型解释了破裂失稳与部分地震前兆之间的关系。

在国内，陈颙[181]提出了“包体理论”。他认为，在一无限的弹性地质体中镶嵌了一个椭球形的包体，包体的存在是岩石变形局部化形成和发展的前提条件。当包体的等效刚度与周围弹性体的卸载刚度相等时，包体在受力后无法恢复原状，导致变形持续增大，最终引发失稳，从而导致结构破坏，发生地震。

梅世蓉[182]提出了坚固体孕震模式，认为地壳中存在一些硬包体，其必然成为高应力集中区，在地壳运动应力和流水溶蚀共同作用下，岩层内发生膨胀及裂隙孕育、发展、串通，逐渐形成裂隙和地缝。该模型认为地震的孕育和发生需要满足两个条件：一是大量弹性应变能的积累；二是能量突然释放。

许昭永等[183]针对含硬包体试样破裂特征进行了试验研究，认为可以将硬包体和围岩分别看作岩样和压力机系统，岩样受力为 $f'(u)$，压力机刚度为 K_s。该系统的失稳条件为：

$$f'(u)+K_s\leqslant 0 \tag{3-1}$$

由于 $K_s>0$，因而只有当 $f'(u)\leqslant 0$ 时，式(3-1)才满足。也就是说，在岩样压力位移曲线达到极值应力后[$f'(u)\leqslant 0$]，才有可能发生失稳破裂。

唐春安等[184-186]利用 RFPA^{2D} 软件对包体孕震模式进行了数值模拟研究，分析了挤压边界条件下断层的形成过程和地震活动特征。

于不凡[187]提出了突出中心扩张假说，认为突出是从工作面前方某一位置发动的，然后向周围扩展，发动中心周围的“煤-岩石-瓦斯”体系提供能量并参与活动。突出地点的地应力、瓦斯压力、煤体结构和煤质是不均匀的，发动中心就处在应力集中点，煤体的低透气性有助于形成高瓦斯压力梯度。他认为，突出煤层中应当存在一个构造破坏区，这个区域具有很高的弹性能和瓦斯潜能，在工作面突然进入这个构造破坏区时容易发生突出。

张红日等[188]将回采工作面煤壁前方局部破坏较为严重的煤体称作“瓦斯包”，模拟分析了工作面与“瓦斯包”不同间距以及“瓦斯包”不同瓦斯压力条件下的煤体突出行为。他发现，当工作面煤壁前方煤体内存在“瓦斯包”时，“瓦斯包”周围的煤体容易出现失稳破裂，导致突出发生，并形成口小肚大形状的突出空洞。

裴常心等[189]发现，气球一旦碰到类似于针尖的物体即产生爆炸，但如果在气球贴上一块透明胶布后再用针插入就不会爆炸，只会产生缓慢泄气现象，据此提出了突出气球模型。他们认为，在石门揭开突出煤层之前，煤层内的瓦斯压力梯度和含量异常增高，“瓦斯包”围岩处于一种临界的稳定状态，当石门或巷道掘进到一定深度时，临界状态被打破，大量的瓦斯携带碎煤抛向巷道，就像一根针刺破气球一样。

张春华等[190]利用 RFPA 软件对深部开采条件下瓦斯地质异常区域的突出特性进行了数值模拟，发现随着煤层埋深增加地应力增加，特别是构造影响下水平应力明显增加，容易形成构造包体。此外，笔者在现场某掘进工作面迎头煤壁施工 30 m 左右的测压钻孔时发现，钻孔正常钻进时瓦斯涌出量不大，但当钻孔通过一段较硬的煤体后进入易钻进的软煤区时，大量瓦斯从钻孔喷出，瓦斯中携带的水喷出的距离在 6 m 以上。

3.2 封闭型地质构造的形成和特征

在地质构造运动的过程中，在煤田内可能形成褶皱、断层、煤层变厚或分叉、大型裂隙等各种构造形态。各种地质构造附近的煤体在构造应力的剪切、挤压、拉伸和揉搓等作用下形成一个破坏区，如孔洞、裂隙、松软体等煤层破坏区。还有一种极端情况是火成岩侵入，而岩浆侵入行为会对煤层产生热变质作用，影响煤体结构和孔隙发育，提升煤体吸附瓦斯能力，导致侵入区内煤层瓦斯含量和瓦斯涌出量异常。此外，火成岩侵入直接形成阻隔层，增强地层应力集中，会影响煤层瓦斯的逸散。

当煤层为高瓦斯或突出煤层时，煤层内的瓦斯在瓦斯压力梯度作用下向破坏区流动，破坏区内充满游离态的瓦斯。如果地质构造在煤层中形成的破坏区周围边界是封闭性的，如褶皱构造背斜的顶部、压扭性逆断层、煤层增厚区、封闭性裂隙等，则游离瓦斯就得以封存，经过长时期的瓦斯渗流和压力平衡，其瓦斯压力达到煤层原始瓦斯压力值，形成所谓的高承压瓦斯富集区。从高压瓦斯封存的角度上讲，上述构造应力作用下的“煤层破坏区”应该是一个封闭型的孔隙—裂隙空间，称为“封闭型地质构造”，如图 3-1 所示。

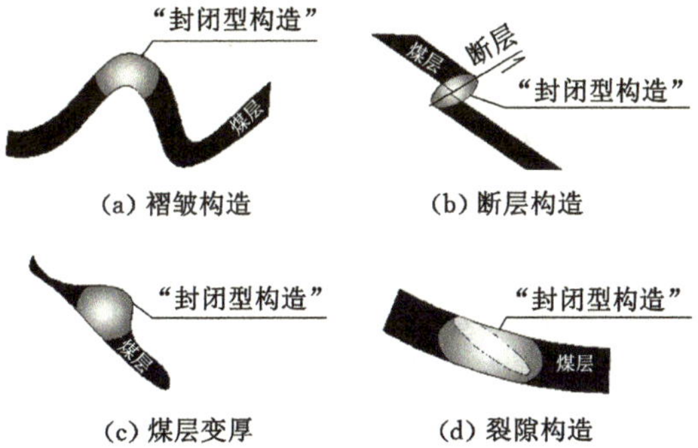

(a) 褶皱构造　(b) 断层构造

(c) 煤层变厚　(d) 裂隙构造

图 3-1　不同地质构造形成的封闭型地质构造示意图

这里的封闭型地质构造并非严格意义上的小型封闭空间，由于构造应力复杂性和构造形态多样性，难以精确地定义它的形状和边界，但可以归纳出封闭型地质构造的基本特征。

(1) 内部煤体破碎

封闭型地质构造内的煤(岩)体破碎程度极高，封闭型地质构造煤岩曾处在构造运动活动带，内部煤岩体被高度剪切和揉搓，是构造煤的发育区。

(2) 内部瓦斯富集

封闭型地质构造内部游离瓦斯富集，在瓦斯压力梯度作用下，煤层瓦斯向封闭型地质构造裂隙空间扩散、渗流及流动，封闭型地质构造内部是瓦斯富集区。

(3) 边界围岩封闭

封闭型地质构造边界煤岩所受应力以压性应力为主，封闭型地质构造边界煤岩的硬度较高，承受着较大的压性应力，透气性很低，是高承压瓦斯的封闭圈。

3.3 封闭型地质构造煤层突出理论模型

3.1.1 封闭型地质构造受力分析

假设煤岩层所在的地应力场由原煤岩的自重应力和构造应力两部分组成，并假设岩体深处为静压力。那么，自重应力为：

$$\sigma_x^o = \sigma_y^o = \sigma_z^o = \gamma H \tag{3-2}$$

式中 γ——岩体的容重；

H——岩体所处的深度。

假设构造应力由水平应力 σ_x'、σ_y' 组成。若地壳中构造应力 σ_x'、σ_y' 均为压性的，且 $|\sigma_x'| > |\sigma_y'|$，则水平方向的地应力 $\sigma_1 = \sigma_x' + \gamma H$，$\sigma_2 = \sigma_y' + \gamma H$；铅垂方向的地应力 $\sigma_3 = \gamma H$。

Anderson(1942)曾运用库仑-纳维耶破坏准则，分析了剪切破坏作用形成的逆断层与地应力场的关系，对逆断层条件下封闭型地质构造的受力场进行分析，如图 3-2 所示。

如图 3-2(a)所示，当用 σ_1 与 σ_3 绘制的莫尔圆与岩体抗剪强度曲线相切时，按库仑-纳维耶准则，岩体处于临界剪破坏状态。如图 3-2(b)所示，其破裂面的走向平行于中间主应力 σ_2 的方向，剪裂面与水平方向最大压应力 σ_1 的夹角为 $45° - \varphi/2$(φ 为内摩擦角)，即断层倾角小于 45°。根据岩石力学，一般内摩擦角为 30°～50°，则断层倾角的理论值在 20°～30°。图 3-2(b)中的剪破裂面 AB 对应于图 3-2(c)中抗剪强度曲线与极限应力圆相切的 D 点，故断层剖面上受到压应力及正剪应力(压扭)作用，所以产生逆断层，按地质力学平面应力场分析原则定为压性断层。

3.3.2 封闭型地质构造聚能分析

对于高瓦斯或突出煤层，封闭型地质构造内蕴含着巨大的能量，如煤体弹性能、瓦斯内能等。在瓦斯突出过程中，这些能量中的一部分会消耗在煤体的破

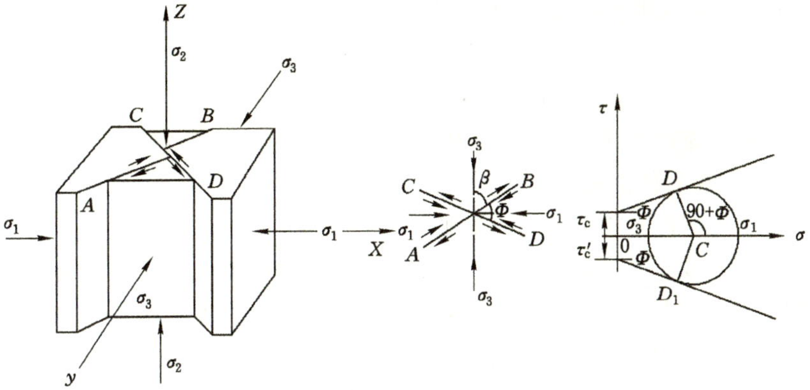

图 3-2　逆断层条件下地应力分析

裂、搬运与碾碎做功上。

(1) 封闭型地质构造的弹性能

在突出发生前，可将封闭型地质构造煤岩体的变形看作线弹性，煤岩单元体如图 3-3 所示。封闭型地质构造的弹性潜能 e：当其发生弹性应变时，在单位体积的煤岩内所储存的弹性潜能，其大小为各方向上主应力 σ 与应变 ε 乘积之和的 1/2。具体如式(3-3)所列：

$$e=\frac{\sigma_1\varepsilon_1+\sigma_2\varepsilon_2+\sigma_3\varepsilon_3}{2} \tag{3-3}$$

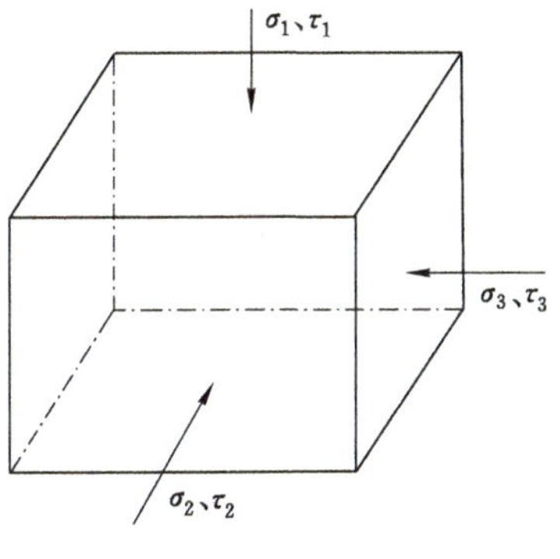

图 3-3　煤岩单元主应力和应变

根据胡克定律，有：

$$e=\frac{1}{2E}[\sigma_1{}^2+\sigma_2{}^2+\sigma_3{}^2-2\nu(\sigma_1\sigma_2+\sigma_2\sigma_3+\sigma_3\sigma_1)] \tag{3-4}$$

式中 e——煤岩弹性潜能，kg·cm/cm^3；

σ_1、σ_2、σ_3——三个方向的主应力，10^5 Pa；

ε_1、ε_2、ε_3——三个方向的应变；

E——煤岩的弹性模量，10^5 Pa；

ν——煤岩的泊松比。

(2) 封闭型地质构造的瓦斯膨胀能

封闭型地质构造内瓦斯以承压状态存在，对封闭型地质构造煤岩的作用是膨胀性的，使得封闭型地质构造含有较高的瓦斯膨胀内能。膨胀内能可按等温过程计算，当破碎煤从煤体脱离后，膨胀瓦斯的内能的变化过程属于多变过程，而最后接近于绝热过程。根据热力学，可以运用以下公式计算吨煤膨胀瓦斯内能：

$$W_p = \frac{p_1 V_1}{n-1}\left[\left(\frac{p_0}{p_1}\right)^n - 1\right] \tag{3-5}$$

式中 W_p——参与突出过程做功的吨煤瓦斯内能(从突出时实测统计资料中得出)，kg·m/t；

V_1——参与做功的瓦斯体积，m^3/t；

p_1——煤抛出后的瓦斯压力(按一般大气压力计算)，1 atm$=10^5$ Pa；

p_0——突出煤层的瓦斯压力，10^5 Pa；

N——过程指数(对于突出多变过程 $n=1\sim1.31$)。

瓦斯膨胀作用减小了封闭型地质构造围岩的有效压力，在降低煤体强度的同时，也影响封闭型地质构造本身的稳定性(抗剪、抗压和抗拉)，致使接近临界稳定状态的封闭型地质构造抵抗外界工程扰动的能力大大降低。

3.3.3 封闭型地质构造模型空间结构

在实际生活中，如果用两个手指捏生鸡蛋，压力集中在一个点上，鸡蛋容易破碎，但是若用一只手把生鸡蛋放在手心用力握，鸡蛋则难以被握碎。这是因为鸡蛋外壳是椭圆形的，可把手握作用力平均分散于其表面上，从而散布作用在蛋壳上的压强较小，不易变形破坏。在万有引力、自转和物质分布的作用下，宇宙中的星球也是近似圆形，以维持自身稳定和平衡，如图 3-4 所示。

地球在过去的几亿年中一直在经历地质活跃期和稳定期的交替，地质活跃期的地壳运动使沉积岩层发生剧烈的弯曲，产生裂缝、断裂，并留下构造形迹，形成地质构造，在地壳运动稳定期构造应力场依然存在，受控的地质构造依然持续发生着缓慢的结构演变，这种结构的演化也反过来影响着构造应力场的演化，最终地层中区域地质构造趋于阶段性的自身平衡和稳定。考虑圆形或椭圆形空间

图 3-4　太阳系星球

结构比较稳定，因此，对于在压扭性地质作用下形成的封闭型地质构造，可以将其边界围岩的形状假设为相对稳定的椭圆形空间结构，如图 3-5 所示。

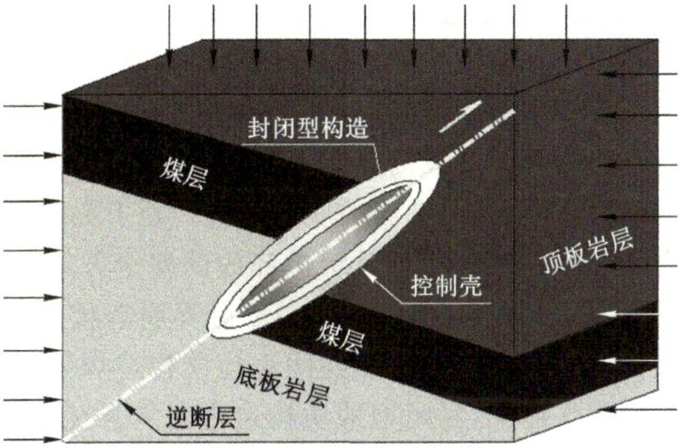

图 3-5　封闭型地质构造模型空间结构

封闭型地质构造区域内煤层进一步破坏，构造煤发育，富集高承压游离瓦斯，封闭型地质构造边界围岩（控制壳）承受着较大的地应力，质地发硬，透气性低，控制着瓦斯的流动，控制壳之外的煤层应力、结构和瓦斯赋存较为稳定。

3.3.4　石门揭含封闭型地质构造煤层突出模型

在图 3-5 的基础上，以压扭性逆断层构造为典型，建立含封闭型地质构造煤层的石门揭煤突出模型，如图 3-6 所示。在石门揭煤过程中，若没有注意到封闭型地质构造内外突出危险性质差异，突出预测措施不到位，验证结果不准确，没有深入掌握封闭型地质构造突出危险真实情况，采取的消突措施采取不够充分，贸然揭开突出煤层内的封闭型地质构造，极易造成突出发生。

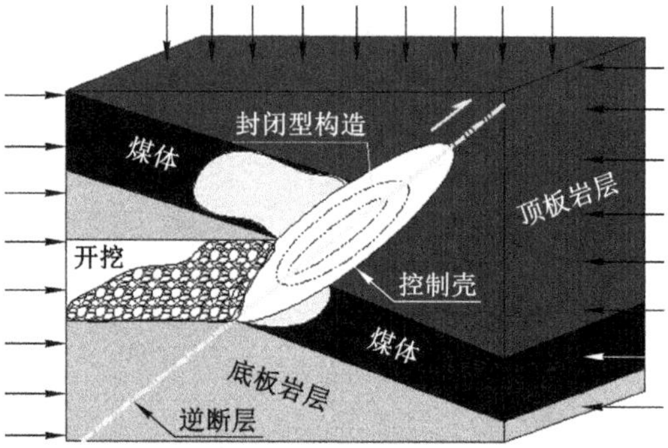

图 3-6　封闭型地质构造揭煤突出模型

封闭型地质构造是在压扭性地质作用下形成的，本来松软的煤层在构造应力作用下使煤体进一步破坏，构造煤十分发育，孕育着较高的弹性潜能和瓦斯膨胀能，这些特征为突出的发生创造了有利条件。在石门巷道正常推进过程中，工作面迎头前方围岩卸压区和应力集中区分布一般比较规律，无异常。但是，当石门巷道推进至封闭型地质构造附近时，由于封闭型地质构造边界围岩的硬度高，可以承受采动后应力重新分布造成的高应力集中，围岩的卸压特性不明显，应力梯度异常增加。此时，由于控制壳围岩的应力"闸门"处于关闭状态，封闭型地质构造内富集的游离瓦斯难以及时地通过缓慢释放的安全方式排出，瓦斯压力梯度也异常增加，封闭型地质构造煤岩此刻已处于临界崩解状态。

若通过爆破或快速掘进方式突然使封闭型地质构造煤岩暴露，在高地应力梯度和高瓦斯压力梯度作用下，封闭型地质构造内高能含瓦斯煤体就会疾速向石门巷道释放，也即突出发生。首先，封闭型地质构造内部的含瓦斯构造软煤突出，裸露面附近的瓦斯压力值降低至大气压力，封闭型地质构造围岩应力也在一定程度上得以释放。其次，待封闭型地质构造突出后，形成新的瓦斯压力梯度场和应力梯度场，深部的煤体在地应力剪切作用、吸附瓦斯解吸力和游离瓦斯冲击作用下进一步破裂、碎解，突出阵面向深部发展。最后，当封闭型地质构造和附近煤层内的能量释放殆尽，不再具备突出条件时，突出停止。

3.4　本章小结

本章通过前人有关煤岩层含能包体等研究，建立了封闭性地质构造的概念，同时建立并探讨了封闭性地质构造诱发突出的理论模型。

(1) 阐述了国内外煤岩层含能包体研究概况

在煤(岩)层中孕育着含能包体，岩层中的含能包体的能量以弹性能为主，其突然破坏失稳可诱发地震、矿震等，而煤层中的含能包体内蕴含大量弹性能、瓦斯膨胀能，其突然暴露可能诱发突出发生。

(2) 介绍了封闭型地质构造的形成和特征

在压扭性地质作用下煤体内可形成背斜、逆断层、煤层变厚和封闭性裂隙等封闭型地质构造，火成岩侵入也可形成封闭型地质构造；封闭型地质构造内部构造煤发育、瓦斯富集，控制壳围岩强度大、应力高，透气性极低，为突出的发生提供了有利条件。

(3) 阐述了石门揭含封闭型地质构造煤层突出模型

封闭型地质构造内部存在着较高的弹性潜能和瓦斯膨胀能，当石门巷道接近煤层中封闭型地质构造时，迎头围岩地应力梯度和瓦斯压力梯度异常增加，在突出预测和消突措施不到位的情况下，贸然揭开封闭型地质构造区域煤体容易诱发突出。

第 4 章 石门揭含封闭型地质构造煤层突出试验系统构建

4.1 相似模拟试验系统设计

淮南矿区开采条件复杂，水、火、瓦斯、煤尘、顶板五大灾害俱全，曾是我国突出灾害的重灾区，历史上发生了多起突出事故。13-1 煤层是淮南矿区的主采煤层，平均厚度为 4.5 m，瓦斯含量为 10～26 m^3/t，瓦斯压力为 2～6.4 MPa，煤层透气性系数为 0.01～0.008 $m^2/(MPa^2 \cdot d)$，属于难以抽采煤层。石门揭煤突出模拟试验系统在设计和材料组装上，参照了淮南矿区的 13-1 煤层瓦斯地质参数。

4.1.1 试验系统整体设计

(1) 模型尺寸的确定

根据石门揭煤围岩应力分布范围，本次相似模拟试验模型的尺寸为 100 m×40 m×60 m。一般情况下，岩体工程的相似模拟所选用的几何相似比(原型尺寸/模型尺寸)为 10～100。在现场模型的尺寸确定的情况下，所选择的试验模型尺寸越小，与现场的相似程度就越低，不仅会出现铺设材料的层数过少和测试点个数过少的问题，而且所铺设的测试探头还可能对材料的力学特性产生一定的影响。所选择试验模型的尺寸越大，与现场的相似程度就越高，试验测试条件就越完备，测试结果的科学性和实用性也就越强，但可能会受到试验室场地和人力、物力的限制。

综合考虑，本试验模型的几何相似比为 40，于是得到试验模型的尺寸为 2.5 m(长)×1.0 m(宽)×1.5 m(高)，与业内已有突出试验模型尺寸相比，本试验模型有极大的相似性。

(2) 箱体结构尺寸

试验中选用的试验箱体的四壁和底板材料采用厚 8 mm 的钢板，焊接成一个整体，外壁再用宽 20 mm 的槽钢加固。箱体上方是一个可以活动的盖板，在此盖板上放置液压缸，用于试验材料的力学加载。为了实现石门巷道的开挖模拟，在箱体 2.5 m(长)×1.0 m(宽)的侧面底部位置留有一个梯形截面的开口，断面尺寸为 80 mm(顶)×120 mm(底)×100 mm(高)，相当于现场石门揭煤巷道断面尺寸为 3.2 m(顶)×4.8 m(底)×4.0 m(高)。

(3) 力学加载系统

力学加载装备主要包括液压泵、油压管路、液压缸和反力架。其中，液压泵的工作压力为 0～60 MPa，液压缸的最大顶出力为 1 000 kN。反力架下方与地面固定，上方框架与液压缸顶部接触，能够在 15 MPa 的力作用下不发生明显的变形(变形率小于 1%)

(4) 瓦斯充气系统

充气系统由瓦斯气瓶、控制阀和充气管路构成。为了保证试验操作安全，试验气体介质选用 CO_2。气瓶内的气体压力为 5.0 MPa，控制阀包括主阀和减压阀，主阀控制气瓶内气体压力，减压阀控制充气过程中气体压力，主阀公称压力为 0～25 MPa，减压阀公称压力为 0～5.0 MPa。试验时，采用两个气瓶同时充气，充气管路由内径 6 mm 的铜管焊接而成，一路通向煤层封闭型地质构造内，另一路通向构造外的两侧煤体。

(5) 数据采集系统

试验数据采集系统主要由应力应变测试探头、应变测试仪、位移测试仪、温度测试仪及计算机构成。应力测试仪选用的是 YE2539 型高速静态应变仪，全部测点的最小采样时间为 1 s，最大测点数 60 个，量程为 0～±20 000 με，分辨率为 1 με，精度为 0.2%F.S. ±2 με，可以采用全桥、半桥和 1/4 桥路形式。位移和温度数据的采集选用的是 TDS-303 数据采集仪，测量精度为±0.05%，最高分辨率为 0.1 με(0.001 mV，0.1 ℃)，仪器的采样速度为 0.06 s/点，打印速度为 0.065 s/点。

4.1.2 材料箱体密封设计

在各层材料封装前，为了避免箱体焊接缝处漏气，也为了使材料上表面均匀受力和产生一定的水平应力，在试验箱体内壁表面涂一定厚度的密封胶层。试验所选用的密封胶，要求在凝固后既要具有较强的密封性，也要具有较高的弹性。

初选了两种密封胶，白色中性玻璃胶和黑色中性硅酮结构胶，如图 4-1 所示。中性玻璃胶，常温下凝固需要 4 h，虽然时间较短，但是其凝固后的弹性和强度都不如中性硅酮结构胶；虽然中性硅酮结构胶凝固时间需要 12 h，但其凝固后的弹性和强度都远远大于中性玻璃胶，最终选择中性硅酮结构胶作为试验密封材料。

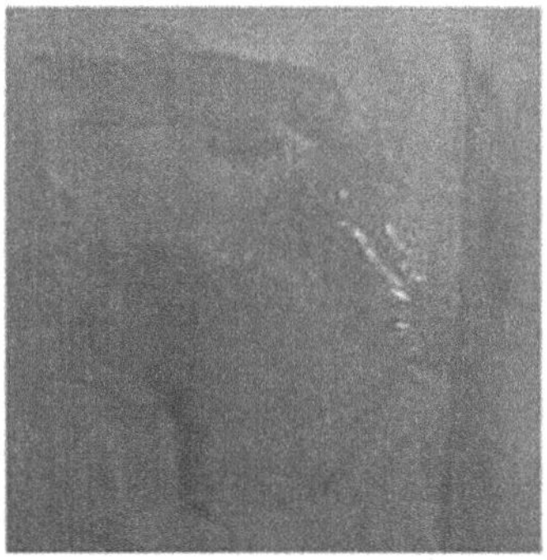

(a) 中性玻璃胶

(b) 中性硅酮结构胶

图 4-1　凝固的密封胶照片

如图 4-2 所示，在材料封装箱体的内壁表面，所涂的中性硅酮结构胶的厚度为 10 mm。待箱内材料铺设完成并试载后，在其材料上方涂厚度为 30 mm 的密封胶，如图 4-3 所示。

图 4-2　箱体内表面密封

图 4-3　材料上表面密封

4.1.3　瓦斯充气管路设计

如图 4-4 所示，在含封闭型地质构造煤层内设置 3 个充气点：其中 1 个充气点位于封闭型地质构造内部，另外 2 个充气点分别位于两侧的煤层内。

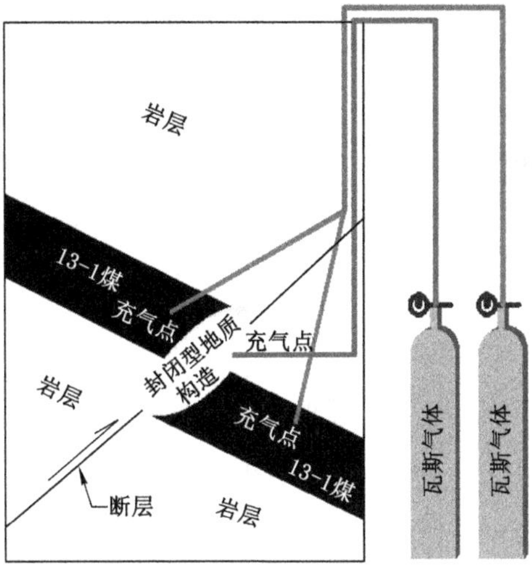

图 4-4　充气点布置示意图

充气管路采用耐高压铜质细管，内径为 6 mm，利用铜焊焊接，如图 4-5 所示。试验前，设计充气 24 h，使得试验材料对瓦斯吸附达到饱和稳定的状态。

图 4-5　充气气瓶及管路

4.1.4 应力测点位置设计

如图 4-6 所示，在石门开挖巷道下方和上方煤岩层内布置 3 层应力测点，研究开挖过程中围岩应力变化和分布规律以及突出前后封闭型地质构造周围应力变化情况。

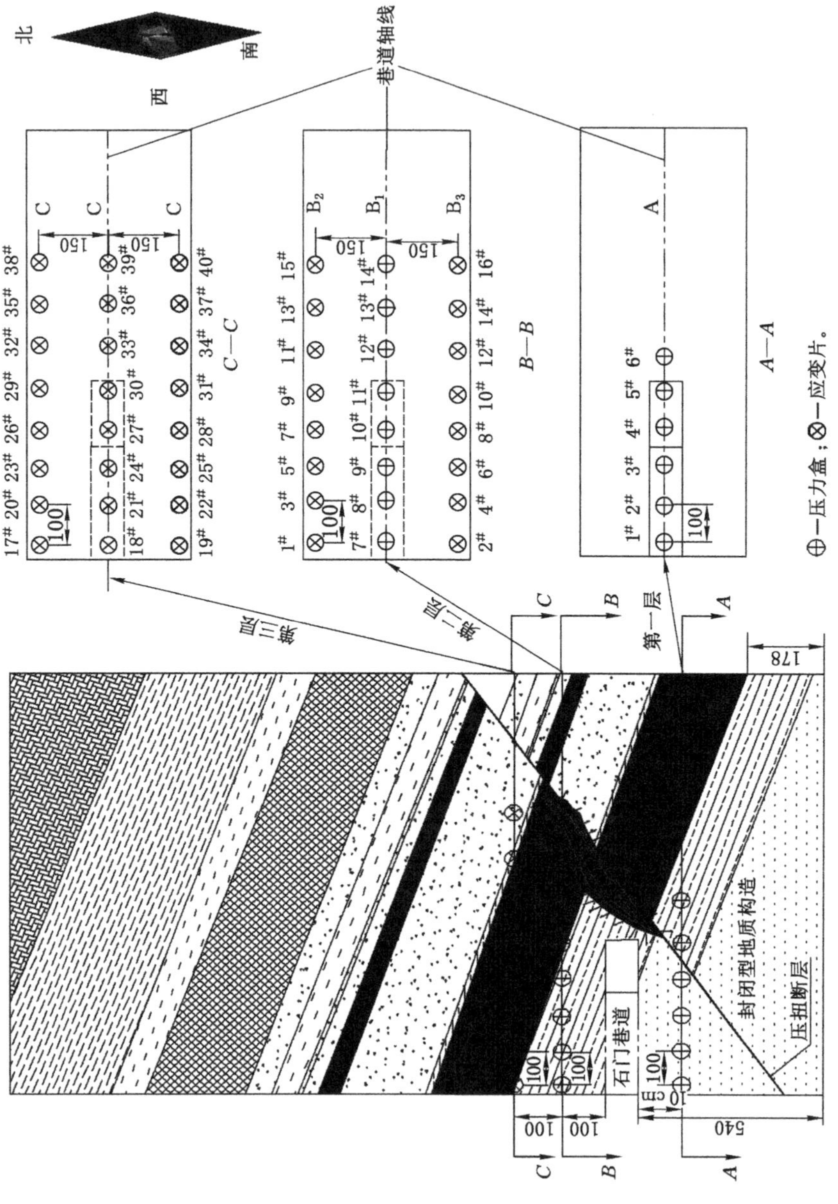

图4-6　应力测点布置示意图

(1) 第一层应力测点布置(A—A)

第一层应力测点位于石门揭煤巷道底板正下方 10 cm 处，布置一排应力测点，测点间距 10 cm，共布置了 6 个测点，测点标号为 $A_1 \sim A_6$，测试探头为压力盒。

(2) 第二层应力测点布置(B—B)

第二层应力测点位于石门揭煤巷道顶板上方 10 cm 处的水平层面内，顺着石门巷道轴线方向平行布置 3 排测点，排号分别为 B_1、B_2 和 B_3，排距为 15 cm，每排布置 8 个测点，共计布置 24 个测点。各排测点具体位置如下：

① B_1 排在巷道轴线正上方，布置 8 个测点，测点编号为：$B_1 7 \sim B_1 14$，测试元件为压力盒。

② B_2 排在 B_1 的北侧，测点编号为 $B_2 1$、$B_2 3$、$B_2 5$、$B_2 7$、$B_2 9$、$B_2 11$、$B_2 13$、$B_2 15$，测试元件为应变片。

③ B_3 排在 B_1 的南侧，测点编号为 $B_3 2$、$B_3 4$、$B_3 6$、$B_3 8$、$B_3 10$、$B_3 12$、$B_3 14$、$B_3 16$，测试元件为应变片。

(3) 第三层应力测点布置(C—C)

第三层应力测点位于石门揭煤巷道顶板上方 20 cm 处的水平层面内，顺着石门巷道轴线方向平行布置 3 排测点，排距为 15 cm，每排布置 8 个测点，共计布置 24 个测点，测试元件均为应变片。各排测点具体位置如下：

第三层第一排应力测点位于石门巷道轴线正上方，测点编号自西向东依次为 C_{18}、C_{21}、C_{24}、C_{27}、C_{30}、C_{33}、C_{36}、C_{39}。

第三层第二排布置于第一排北侧，测点编号自西向东依次为 C_{17}、C_{20}、C_{23}、C_{26}、C_{29}、C_{32}、C_{35}、C_{38}。

第三层第三排布置于第一排南侧，测点编号自西向东依次为：C_{19}、C_{22}、C_{25}、C_{28}、C_{31}、C_{34}、C_{37}、C_{40}。

4.1.5　位移测点位置设计

如图 4-7 所示，在石门揭煤巷道顶板上方 10 cm 处布置一层位移测点，顺着石门揭煤巷道轴线方向分成 3 排，测点编号为 $1^\# \sim 15^\#$。第一排位移测点布置在石门揭煤巷道轴线正上方位置($6^\# \sim 10^\#$)，其余两排($1^\# \sim 5^\#$ 与 $11^\# \sim 15^\#$)分布在第一排的两侧 20 cm 处。对于每排位移计，两测点的距离自西向东分别为 20 cm、20 cm、20 cm 和 10 cm。

在 $3^\#$ 与 $8^\#$ 测点之间、$8^\#$ 与 $13^\#$ 测点之间、$4^\#$ 与 $9^\#$ 测点之间、$9^\#$ 与 $14^\#$ 测点之间，加密布置 4 个位移测点，编号分别为 $16^\#$、$17^\#$、$18^\#$、$19^\#$。

为了获取更充足的突出过程中位移数据，在平行于断层倾向方向层面内，分别在封闭型地质构造的右下方、右方增加布置了两排测点，两排测点的间距

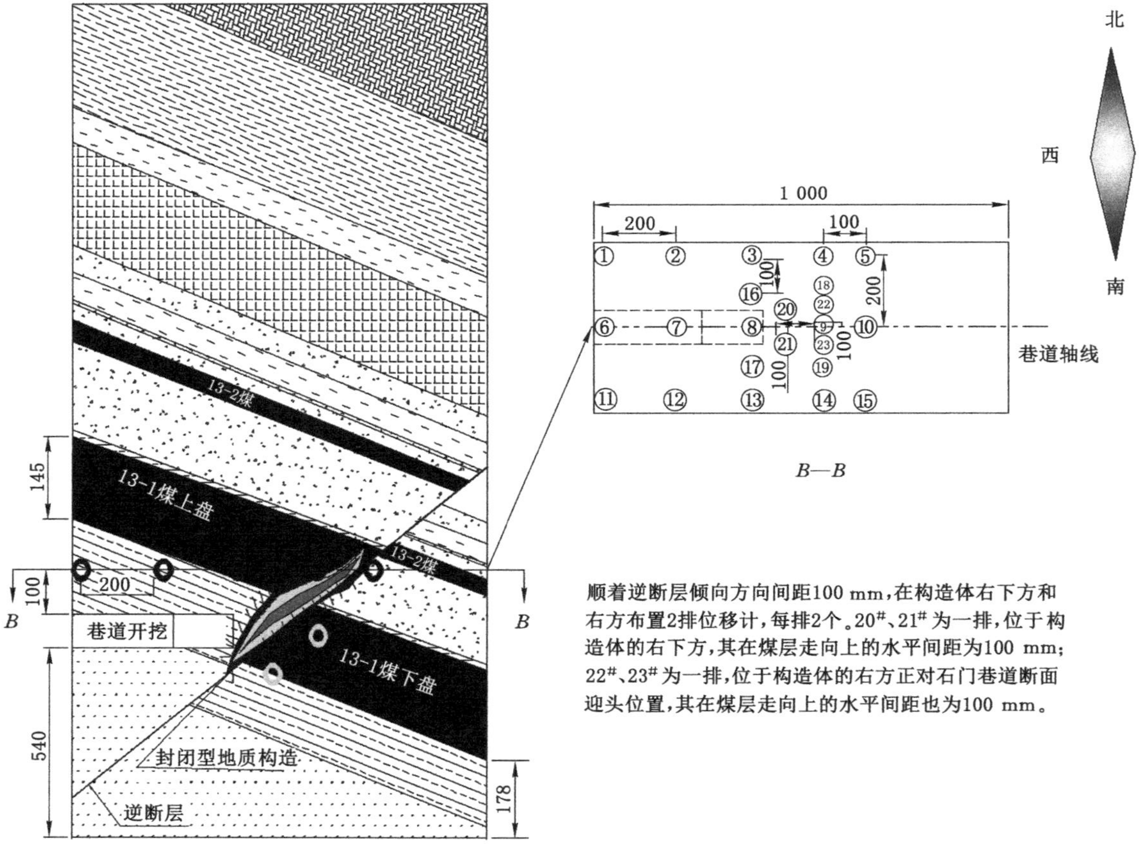

(a) 剖面图　　(b) 平面图

图4-7　位移计位置设计示意图

为 100 mm，每排 2 个测点。其中，20[#] 和 21[#] 为一排，位于封闭型地质构造的右下方，间距为 100 mm；22[#] 和 23[#] 为一排，位于封闭型地质构造的右方，间距也为 100 mm。

4.1.6　温度测点位置设计

在突出过程中，煤体内的温度变化是一个重要表征参数。为了测定充气前后和突出前后煤体及封闭型地质构造内的温度变化，在封闭型地质构造及其附近煤层内布置了 3 个测温探头，第一个测温探头位于上盘煤层内，第二个测温探头位于封闭型地质构造内，第三个测温探头位于下盘煤层内，如图 4-8 所示。3 个测温探头在 TDS-303 数据采集仪上的连接方式如图 4-9 所示。

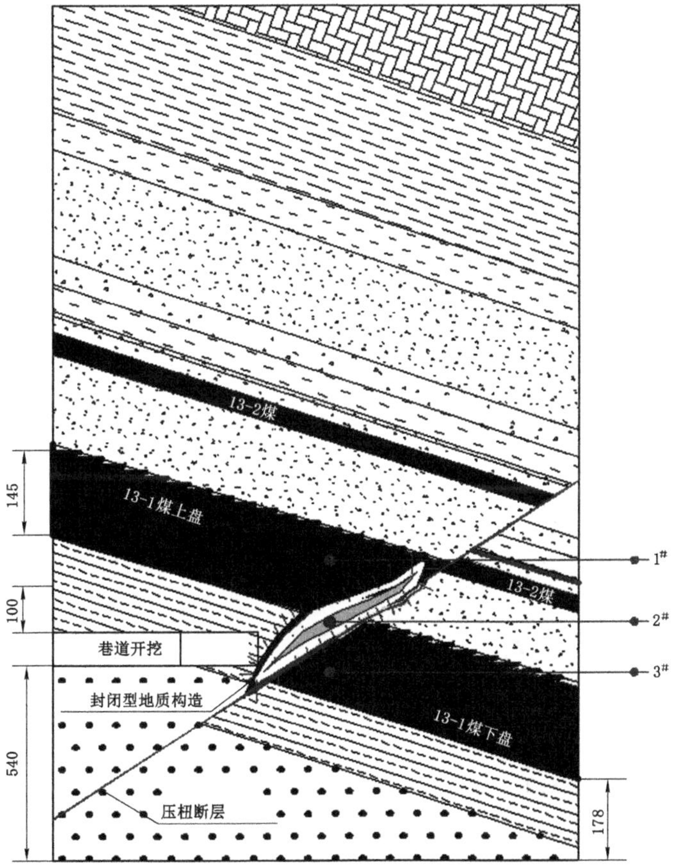

图 4-8　测温探头布置示意图

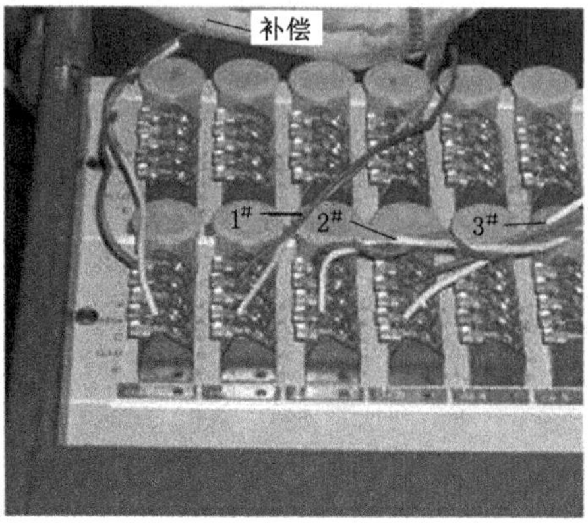

图 4-9　测温探头与仪器连接照片

4.2 测试元件标定

4.2.1 应变片和压力盒标定

(1) 标定目的

供试验用的应变片共 50 个，采用浙江黄石测试仪器厂生产的应变片，如图 4-10 所示。供试验用的压力盒 25 个，由厂家定做。标定应变片和压力盒的目的是考察试验元件的线性、重复性等参数，绘出应力-应变对应关系曲线，进而计算出试验模型中测试点处的应力值。

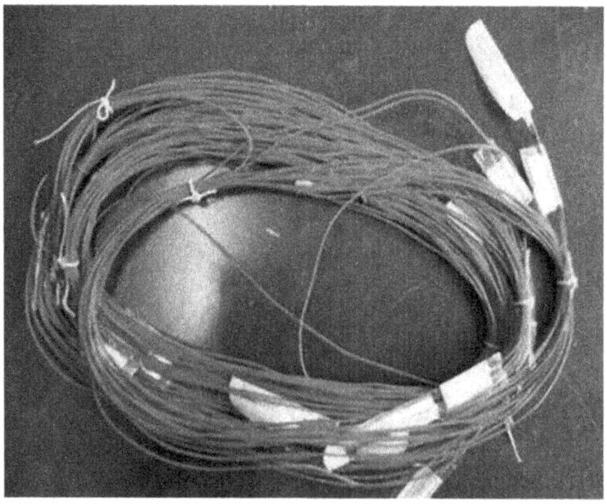

图 4-10　试验使用的应变片实物图

(2) 标定过程及结果

因为标定过程可能会造成应变片的损坏，所以在待标定的 50 个应变片中随机抽取 8 个，分成 2 组，每组 4 个，每组标定 3 次。标定的应力范围为 0～2 MPa，标定的环境温度为室内温度 9 ℃，标定所用材料是与试验材料相同的细河沙。具体标定步骤如下：

① 在标定容器内(尺寸规格为 20 cm×20 cm×20 cm)铺细河沙至距底部 5 cm 处，将砂抹平，在此细河沙平面上相距 10 cm 平放 2 个应变片。

② 继续铺设细河沙至距底部 15 cm 处，抹平，在此平面上按同样的距离再平放 2 个应变片，这样每次可标定 4 个应变片，如图 4-11 所示。

图 4-11　应变元件标定容器

③ 最后将装有应变片的标定容器放置在 600 kN 万能材料试验机上，进行标定，如图 4-12 所示。该试验机已经厂家标定合格，试验前又进行了严格的校正，符合国家行业标准。试验机从 0 kN 开始每次加载 10 kN 相当于施加应力载荷 0.25 MPa，逐次加载，直至 80 kN(相当于施加应力载荷 2 MPa)；从程控静态应变仪(图 4-13)上记录每次加载稳定后输出的应变值，再将记录的数据进行计算处理，得到应力载荷和应变之间的关系曲线，如图 4-14 所示。

此外，对标定后的应变片进行试水试验，如图 4-15 所示：一是检查应变片是否在加载过程中被损坏；二是检测应变片薄膜的封闭性是否良好，能否适应潮湿环境。试验结果表明，应变片的线性和重复性良好，没有破损和开裂漏水现象。

对厂家生产的 25 个压力盒随机抽取 6 个，分成 3 组，每组 2 个，每组也是标定 3 次。首先，在标定容器铺细河沙至距底部 5 cm 处将沙子抹平，在此细河沙平面上平放 1 个压力盒；其次，继续铺设细河沙至距底部 15 cm 处，抹平，在此平面上再平放 1 个压力盒；然后，将标定容器用细砂填平；最后，将装有压力盒的标

图 4-12　600 kN 万能材料试验机

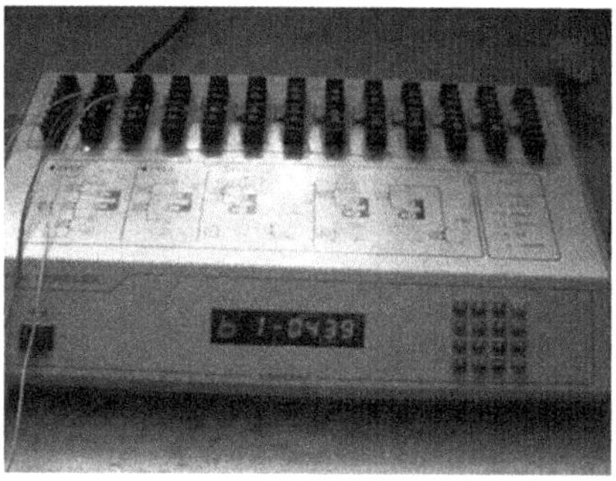

图 4-13　YE2538 程控静态应变仪

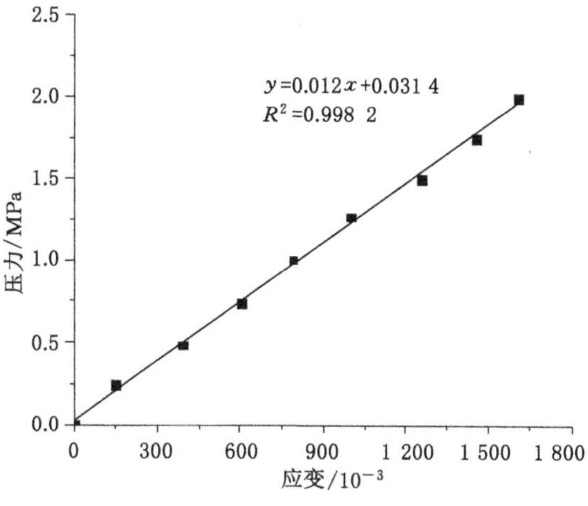

图 4-14　应变片标定曲线

定容器放置在 600 kN 万能材料试验机上，进行标定。标定结果显示线性和重复性良好(与厂家的标定曲线一致)。将记录的数据进行计算处理后，得到标定曲线如图 4-16 所示。

图 4-15　应变片试水试验

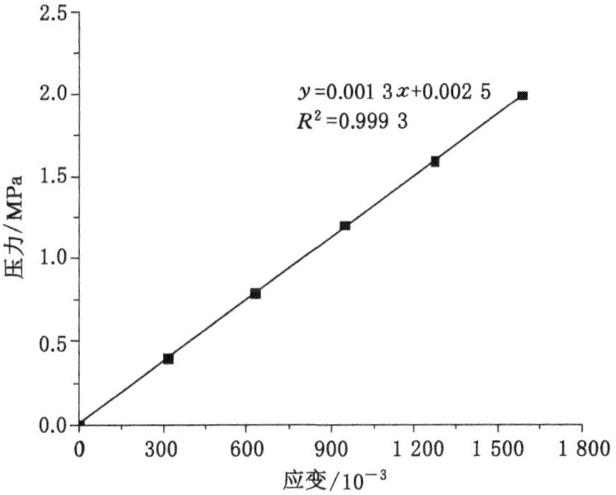

图 4-16　压力盒标定曲线

4.2.2　液压缸标定

(1) 标定目的

把将要在试验中使用的液压缸(最大顶出力为 1 000 kN)逐一进行标定：一是通过标定结果，绘出液压缸顶出力和液压泵油压之间的关系曲线，从而确定与模型应力载荷相对应的液压泵油压值；二是要检验液压缸的密封性和蓄能稳定性。

(2) 标定过程及标定结果

将试验中要使用的液压缸逐一放在 2 000 kN 的压力机上，该压力机已经厂家标定，符合国家行业标准，如图 4-17 所示。使用经厂家标定合格的液压泵逐级加压，同时记录相应的液压缸顶出力，将记录的数据进行计算处理后，得到标定曲线如图 4-18 所示。

图 4-17　液压缸标定设备

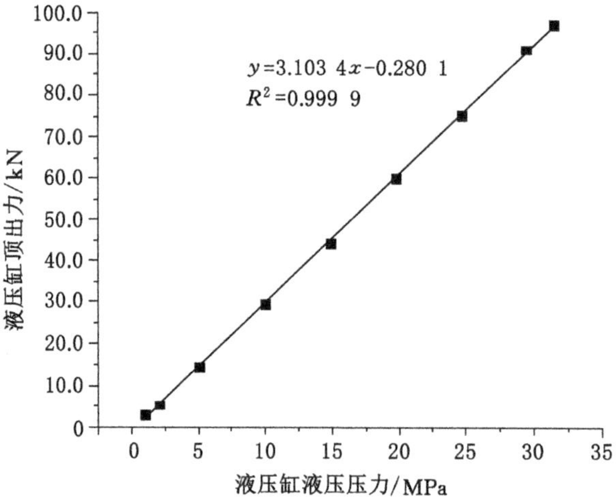

图 4-18　液压缸液压值和顶出力关系曲线

4.2.3　位移和温度测试元件标定

(1) 位移计结构及工作原理

测试过程采用的是 CW-YB-50 型应变位移传感器，其结构如图 4-19 所示。

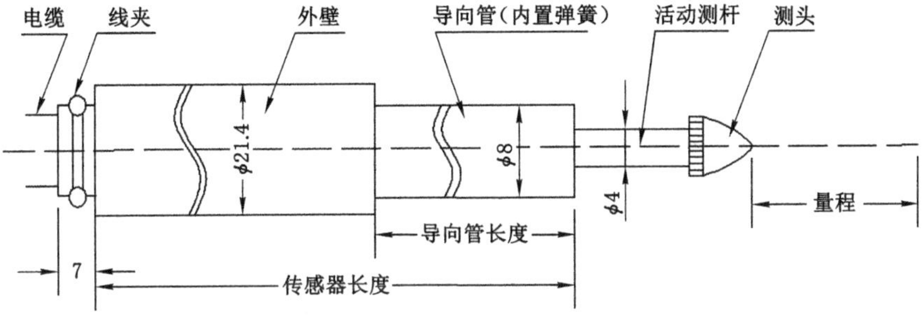

(a) 位移计外形尺寸

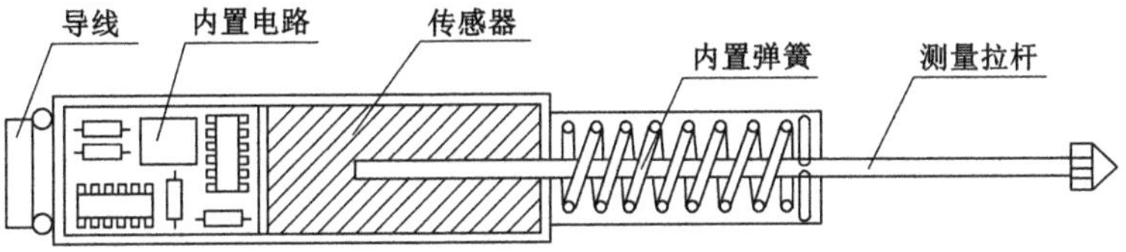

(b) 位移传感器(回弹式)内部结构

图 4-19　位移计结构示意图

该位移计应变片阻值为 350 Ω，精度为 0.1%F.S.，灵敏度为 2.08 mV/V，传感器桥路形式为全桥，应变片供桥电压为±1 V，耐压范围大于 10 MPa。使用时先将位移计固定，再将测杆与被测材料刚性连接(非回弹式)，也可依靠位移计传感器内置的复位弹簧顶在被测材料上(回弹式)。位移计的测头部分为半圆形硬质合金。当围岩巷道产生变形时，位移计测杆产生位移，传感器内部的感应元件会因外力作用产生变形，引起电阻值的变化，电桥随即产生相应的信号传输到数据采集仪上。

(2) 位移计标定结果

使用高精度的游标卡尺记录拉杆发生的位移量，同时从数据采集仪上记录下相应的应变值，最后根据记录结果，绘出位移计应变-位移关系曲线，如图 4-20 所示。

(3) 温度测试元件

温度的测量采用热电偶,所选用的3个热电偶也已在实验室中进行标定。

将标定好的位移传感器和温度探头在试验模型中铺设完毕后,连接到TDS-303数据采集仪上。试验前,需要对TDS-303数据采集仪进行调零和纠偏。

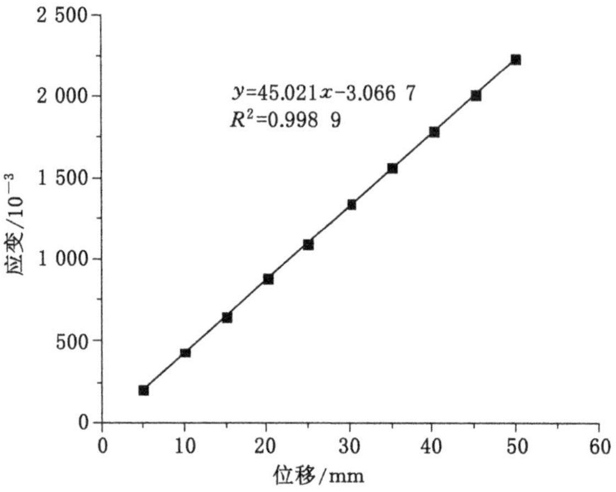

图4-20 CW-YB-50型位移传感器标定曲线

4.3 模型相似性分析及材料配比

4.3.1 模型相似准则及加载

(1) 相似准则

相似模拟试验一般应满足两个条件:一是试验中的几何、运动、边界条件与现场的相似;二是试验与现场的对应物理量成比例。试验中所采用的相似准则如下。

① 几何相似

$$\alpha_L = \frac{L_P}{L_M} \tag{4-1}$$

式中 α_L——原型与模型长度比;

L_P——原型广义长度;

L_M——模型广义长度。

一般取 $\alpha_L=10\sim100$，本试验取 $\alpha_L=40$。

② 容重比

$$\alpha_\gamma=\frac{\gamma_P}{\gamma_M} \tag{4-2}$$

式中　α_γ——原型与模型容重比；

γ_P——原岩层的平均容重，取 2.5 g/cm^3；

γ_M——模型材料容重，一般 γ_M 在 1.5～1.8 g/cm^3 较合适，过大则成型击实困难，过小则使模型材料松散不易成型，本模型中 $\gamma_M=1.5\ g/cm^3$。

则 $\alpha_\gamma=\frac{\gamma_P}{\gamma_M}=2.5/1.5=\frac{5}{3}$。

③ 运动相似

$$\alpha_t=\frac{t_P}{t_M}=\sqrt{\alpha_L} \tag{4-3}$$

式中　α_t——时间比；

t_P——原型运动所需时间；

t_M——模型运动所需时间。

$\alpha_t=\sqrt{40}\approx6.325$，即大约 4 h 开挖一次，一次 10 cm，相当于现场进尺 4 m。

④ 动力相似

$$\alpha_\sigma=\frac{\gamma_P}{\gamma_M}\alpha_L=\alpha_\gamma\alpha_L \tag{4-4}$$

式中　α_σ——应力比，由于 $\alpha_\gamma=\frac{5}{3}$，$\alpha_L=40$，则 $\alpha_\sigma=\frac{5}{3}\times40=66.67$。

(2) 力学加载分析

用模型材料自重来克服材料与容器壁之间的摩擦力，试验条件为采深 1 000 m，则 $\sigma_P=\rho gh=2.5\times10^3\times9.8\times1\ 000=24.5$ (MPa)，则 $\sigma_M=\sigma_P/\alpha_\sigma=24.5/(200/3)=0.367\ 5$ (MPa)，换算成试验中千斤顶施加的力为：$F=\sigma_M S=(0.367\ 5\times10^6\ \text{Pa})\times(2.5\times1.0\ \text{m}^2)=918.75$ kN(91.875 t)的力。若按 6 个液压千斤顶计算，每个液压缸的顶出力最低为 153.125 kN(15.312 5 t)，考虑液压缸蓄能稳定性及其与加载钢板的摩擦等因素，在此基础上再增加 5%，故每个液压缸的顶出力为 161 kN。根据液压缸的顶出力和液压泵油压值之间的关系曲线进行计算，此时液压泵的液压值为 5.3 MPa。

4.3.2 相似模型材料配比

参照淮南矿区C组煤岩层关系，现场煤岩力学参数见表4-1，相似模型的煤岩层分布如图4-21所示。试验模型中的顶、底板岩层主要呈脆性，故采用粒径小于1.5 mm的河沙为骨料，以石灰、石膏为胶结材料，试验模型中的煤层则是在上述材料中加一定比例的粉煤灰制成(直接使用突出煤层中的原煤)，节理与断层采用云母铺设而成。

表4-1 现场煤岩层物理力学参数

序号	岩性	厚度/m	累计厚度/m	抗拉强度/MPa	抗压强度/MPa	容重/($g\cdot cm^{-3}$)
14	泥岩	4.50	56.77	1.015	25.589	2.400
13	砂质泥岩	8.50	48.27	1.896	37.469	2.570
12	砂质黏土岩	2.60	45.67	2.066	48.759	2.647
11	细砂岩	6.88	38.79	3.105	69.592	2.58
10	粉砂质黏土岩	1.52	37.27	1.492	45.483	2.579
9	泥质砂岩	1.54	35.73	1.961	38.341	2.513
8	粉砂岩	0.36	35.37	1.789	34.626	2.511
7	粉砂质黏土岩	1.05	34.32	1.107	43.355	2.579
6	13-2煤	1.23	33.09	—	7.320	1.4
5	粉砂质黏土岩	5.79	27.30	2.066	48.759	2.647
4	炭质页岩	0.10	27.20	—	7.320	1.4
3	13-1煤	5.60	21.60	—	7.320	1.4
2	黏土岩	6.00	15.60	1.146	43.355	2.579
1	细砂岩	15.60	0.00	2.851	60.358	2.580

由于顶板煤岩破坏多为拉应力超过其单向抗拉强度所致，故顶板岩层以单向抗拉强度为主要指标，并以抗压强度、弹性模量等作为辅助指标。而开采煤层及底板岩层以单向抗压强度为主要指标。通过大量实验室有关煤岩力学特性的材料配比数据，得出各分层的材料配比，见表4-2。

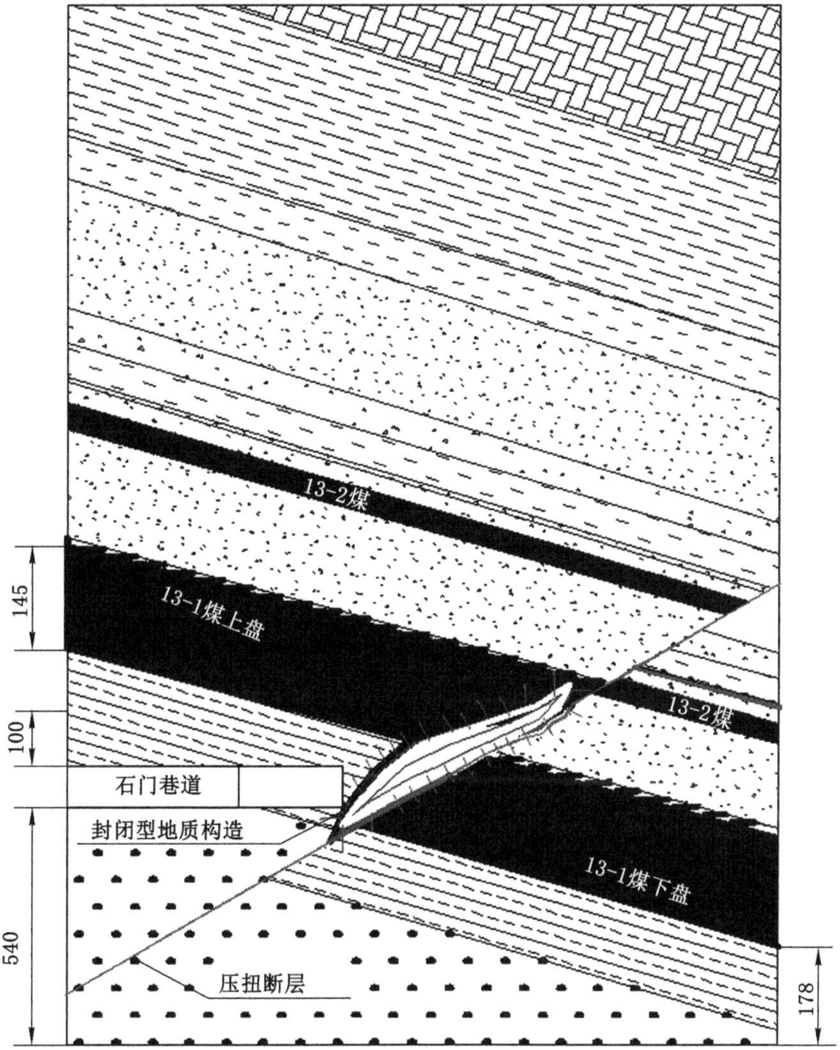

图 4-21　试验模型的岩层分布(宽×高=1.0 m×1.5 m)

表 4-2　试验模型煤岩层的物理力学参数及材料配比

序号	岩性	模型分层厚度/cm	模型累计厚度/cm	模型抗压强度/MPa	原岩分层厚度/m	原岩累计厚度/m	原岩抗压强度/MPa	原岩容重/(kg·m^{-3})	相似材料配比(型号)(砂：石灰：石膏：水)	材料总质量/kg	砂重/kg	石灰/kg	石膏/kg	水/kg
14	泥岩	11.25	141.94	0.384	4.50	56.77	25.589	2.400	10：0.3：0.7：1.1	436.77	397.06	11.91	27.79	43.68
13	砂质泥岩	21.25	120.69	0.562	8.50	48.27	37.469	2.570	8：0.7：0.3：0.9	825.01	733.34	64.17	27.50	82.50
12	砂质黏土岩	6.50	114.19	0.731	2.60	45.67	48.759	2.647	9：0.5：0.5：1	252.36	227.12	12.62	12.62	25.24
11	细砂岩	17.20	96.99	1.044	6.88	38.79	69.592	2.58	6：0.6：0.4：0.7	667.77	572.38	57.24	38.16	66.78
10	粉砂质黏土岩	3.80	93.19	0.682	1.52	37.27	45.483	2.579	7：0.7：0.3：0.8	147.53	129.09	12.91	5.53	14.75
9	泥质砂岩	3.85	89.34	0.575	1.54	35.73	38.341	2.513	8：0.7：0.3：0.9	149.47	132.86	11.63	4.98	14.95
8	粉砂岩	0.90	88.44	0.519	0.36	35.37	34.626	2.511	9：0.7：0.3：1.0	34.94	31.45	2.45	1.05	3.49
7	粉砂质黏土岩	2.63	85.81	0.650	1.05	34.32	43.355	2.579	7：0.7：0.3：0.8	102.11	89.34	8.93	3.83	10.21
6	C13-2 煤	3.08	82.73	0.110	1.23	33.09	7.320	1.4	13：0.3：0.7：1.4	119.58	111.04	2.56	5.98	11.96
5	粉砂质黏土岩	14.48	68.25	0.731	5.79	27.30	48.759	2.647	9：0.5：0.5：1	562.17	505.95	28.11	28.11	56.22
4	炭质页岩	0.25	68.00	0.110	0.1	27.20	7.320	1.4	13：0.3：0.7：1.4	9.71	9.01	0.21	0.49	0.97
3	C13-1 煤	14.00	54.00	0.110	5.6	21.60	7.320	1.4	13：0.3：0.7：1.4	543.53	504.71	11.65	27.18	54.35
2	黏土岩	15.00	39.00	0.650	6.0	15.60	43.355	2.579	7：0.7：0.3：0.8	582.36	509.56	50.96	21.84	58.24
1	细砂岩	39.00	0	0.905	15.6	0.00	60.358	2.580	5：0.7：0.3：0.6	1 514.13	1 261.78	176.65	75.71	151.41
合计										5 947.43	5 214.70	451.98	280.76	594.74

4.4 突出模拟试验系统组装

根据试验材料的岩层分布设计和材料配比结果，将试验材料分层配比和铺设，如图 4-22 至图 4-25 所示。

图 4-22　试验模型材料配比

图 4-23　各层材料厚度控制

图 4-24　各层材料倾角控制

图 4-25　层理的铺设

在铺设材料的过程中，在所设计的各测点位置铺设相应的测试元件如图 4-26 至图 4-29 所示。模型中封闭型地质构造的边界用细河沙和黏结材料夯实而成，强度大，透气性极低；封闭型地质构造材料采用细河沙与泡沫材料混合制成，孔隙多而强度低。封闭型地质构造位于巷道开挖口前方 50 cm 处，方位与断层产状一致，铺设为椭球体空间结构形状，三轴长分别为 30 cm、20 cm 和 10 cm。

为了保证整体模型的密封性，在试验箱内材料铺设完成后，击实成型后在材料上方加涂一层厚 30 mm 的密封胶，将试验模型整体密封，如图 4-30 所示。

图 4-26　应变片和压力盒铺设

图 4-27　封闭型地质构造铺设

图 4-28　位移计布置

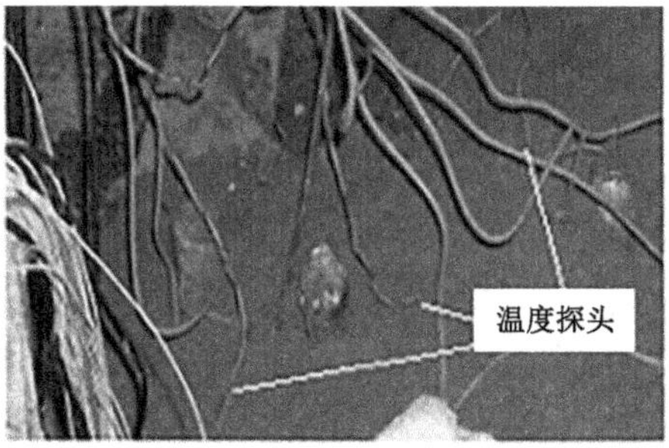

图 4-29　温度探头布置

图 4-30　试验模型的整体密封

待密封胶完全凝固后，首先放置加载盖板，在盖板上布置标定过的 6 个液压缸并安装反力架；接着连接液压管路、液压加载控制系统和数据采集系统，并进行仪器调试；然后进行试加载，同时充气，再次对仪器进行调试；最后保持设计载荷进行正式加载，如图 4-31 至图 4-39 所示。

图 4-31　液压缸位置设计

图 4-32　液压缸放置

图 4-33　液压管路连接

图 4-34　反力架安装

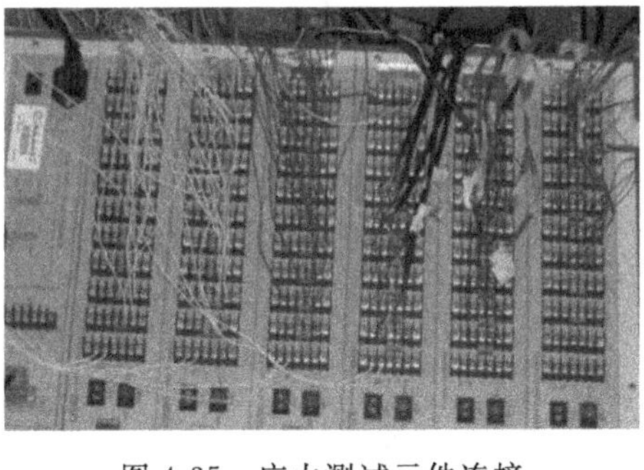

图 4-35　应力测试元件连接

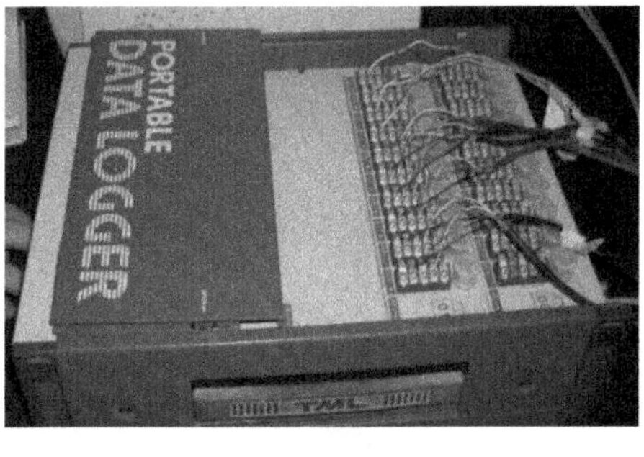

图 4-36　温度和位移探头连接

图 4-37 模型试加载

图 4-38 试验模型充气

图 4-39 保持预定载荷加载

在以上所有步骤完成后，包括材料封装系统、力学加载系统、充气系统和数据采集系统大部分的整体试验系统即安装完成，如图 4-40 所示。

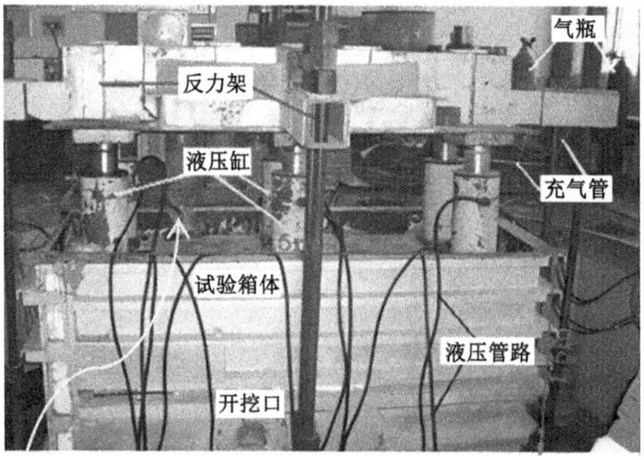

图 4-40 石门揭煤突出模拟试验系统整体图

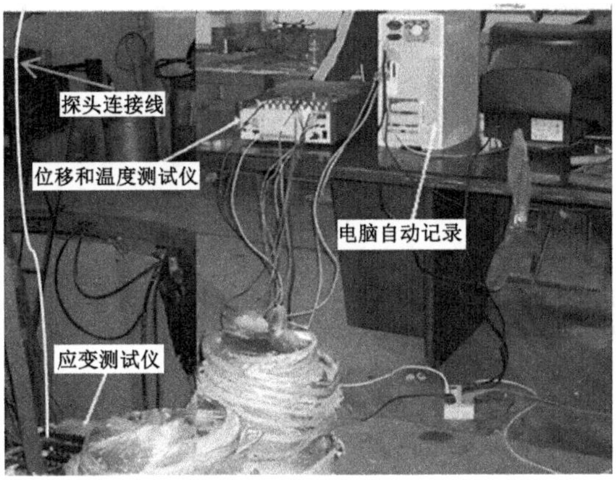

图 4-40　（续）

4.5　本章小结

本章介绍了石门揭含封闭型地质构造煤层突出相似模拟试验系统的设计，给出了试验测试元件和设备的标定方法和过程，对模型中煤岩材料进行了相似计算和配比，并对整个试验系统进行了组装。

① 所搭建的突出模拟试验系统包括材料封装系统、力学加载系统、充气系统和数据采集系统，试验箱体尺寸为 2.5 m×1.0 m×1.5 m，可模拟实际尺寸为 100 m×40 m×60 m 的地质体。

② 试验所使用的密封材料为中性硅酮结构胶，瓦斯使用 CO_2，管路采用 6 mm 内的铜管。试验中布置的应力测点共 54 个：底板岩层内 6 个，顶板岩层内 48 个(分两层)；试验设计的位移测点共 23 个(实际布置 12 个)：顶板岩层内 8 个，封闭型地质构造右方和右下方各 2 个；温度测点共 3 个：封闭型地质构造内 1 个，两侧煤层内各 1 个。

③ 为了确保试验结果的准确性、科学性，在试验前对应力测试元件、液压缸、位移计和温度探头进行了标定。结果显示，应力测试元件的线性度高、重复性好，液压缸的密封性和蓄能能力良好，位移计和温度探头可以满足试验要求。

第 5 章

石门揭含封闭型地质构造煤层突出力学特性试验分析

5.1 石门巷道揭煤过程及突出现象

待向试验模型充入瓦斯并吸附 24 h 后，在保持预定载荷下，按照设计进尺进行开挖(图 5-1 至图 5-2)。

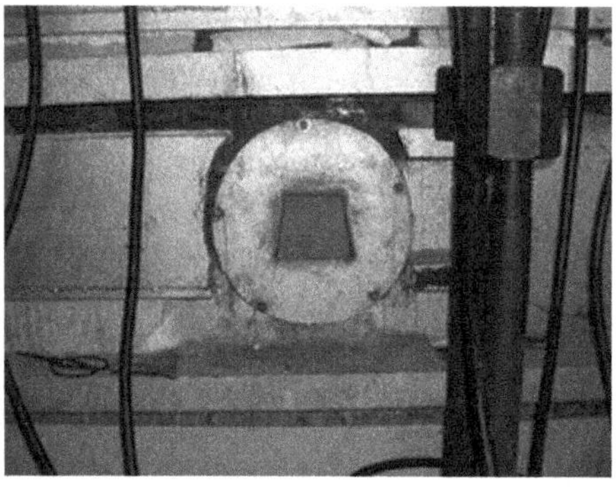

图 5-1 石门巷道开口形状

图 5-2 石门巷道开挖

当开挖到 35 cm 时，前方“围岩”硬度增加；开挖 40 cm 后，前上方围岩开始膨胀鼓出，于是迅速撤出开挖工具，开始拍照、摄像，相机捕捉到了时长 3 s 左右的突出动力现象(图 5-3 至图 5-4)。

为了拍摄突出时石门巷道内部碎煤和瓦斯的抛出情况(图 5-5)，相机镜头伸入巷道，以致镜头的伸缩旋钮处被疾速抛射的细小沙粒阻塞，造成相机镜头无法缩回。在突出后 50 cm 长的巷道(图 5-6)内，突出的材料平均厚度为 3 cm，突出材料的表层布满细小的河沙，具有分选性。突出形成的空洞(图 5-6)的高度高于巷道的高度，空洞的宽度也明显比巷道的宽度大，呈“口小腔大”形状。

图 5-3　巷道口煤体和瓦斯抛出

图 5-4　突出停止后情形

图 5-5　突出时石门巷道内碎煤堆积

图 5-6　突出形成的空洞

通过突出视频分析可知，在突出发生时，瓦斯携带封闭型地质构造材料喷射速度为 15 m/s，抛出的材料距离开挖口最远为 4 m 左右。

5.2　石门巷道开挖过程中围岩力学参数分析

5.2.1　石门巷道开挖过程中围岩的应力变化及分析

5.2.1.1　第一层内各测点应力分析

在石门揭煤巷道底板下方 10 cm 处，顺着巷道轴线方向，自西向东依次布置了 6 个应力测点，编号为 A1～A6(图 4-6)。在石门揭煤巷道开挖过程中，各测点的应力分布如图 5-7 所示。各测点应力的变化及分析如下：

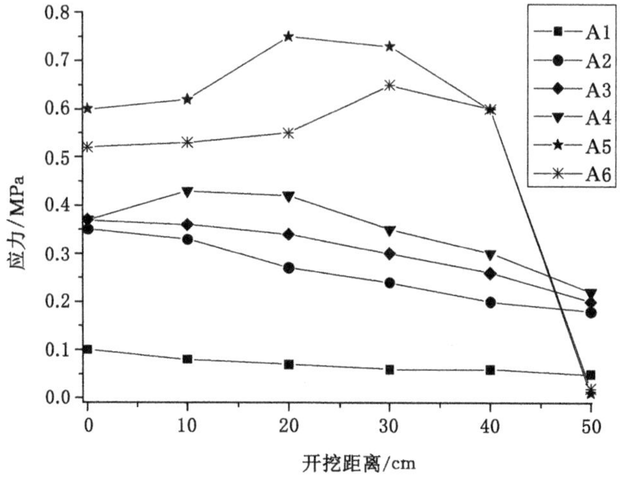

图 5-7　开挖过程中第一层内各应力测点的应力分布

(1) A1 测点

紧靠试验箱体内壁的 A1 测点，初始应力值远低于模型上所施加的载荷，仅为 0.1 MPa，原因在于该测点紧靠试验箱体内壁，材料和内壁壁面间存在较大的摩擦力。随着巷道的开挖，围岩卸压，应力值逐渐降低，最终值为 0.05 MPa。

(2) A2 测点

距离开挖口内壁 10 cm 处的 A2 测点，初始应力值为 0.35 MPa。随着石门巷道的开挖，应力值逐渐降低，直至 0.18 MPa，该测点没有出现应力集中现象。

(3) A3 测点

距离开挖口内壁 20 cm 处的 A3 测点，初始应力值为 0.37 MPa。随着石门巷道的开挖，应力值也是逐渐降低，直至 0.21 MPa，该测点也没有出现应力集中现象。

(4) A4 测点

距离开挖口内壁 30 cm 处的 A4 测点，初始应力值为 0.37 MPa。石门巷道开挖至 10 cm 时，该点应力值上升至 0.43 MPa；而开挖至 20 cm 时，该点应力值降至 0.42 MPa。此后，随着开挖的继续，该点应力值继续下降，最终值为 0.23 MPa。该点应力值的上升是石门巷道开挖造成的应力集中的结果，而应力值的下降是石门巷道围岩卸压的结果。

(5) A5 测点

距离开挖口内壁 40 cm 处的 A5 测点，初始应力值为 0.60 MPa。石门巷道开挖至 10 cm 时，该点应力值升至 0.62 MPa；开挖至 20 cm 时，该点应力值升至 0.75 MPa；开挖至 30 cm 时，该点应力值降至 0.73 MPa；开挖至 40 cm 时，该点应力值降至 0.60 MPa；继续开挖至突出发生，最终该点应力值降至 0.01 MPa。由于该测点位于“封闭型地质构造”应力影响范围内，并处在“封闭型地质构造”边界尖端位置，初始应力值明显大于对模型施加的应力载荷，即使在该点上方进行开挖时，该点的应力值虽有所下降，但仍然保持在较高水平，这就为突出的发生创造了有利条件。

(6) A6 测点

距离开挖口内壁 50 cm 处的 A6 测点，初始应力值为 0.52 MPa。石门巷道开挖至 10 cm 时，该点应力值升高至 0.53 MPa；开挖至 20 cm 时，该点应力值升至 0.55 MPa；开挖至 30 cm 时，该点应力值升至 0.65 MPa；开挖至 40 cm 时，该点应力值降至 0.6 MPa；继续开挖至突出发生，最终该点应力值降至 0.02 MPa。该测点也是位于“封闭型地质构造”应力影响范围内，应力的变化规律基本同 A5 测点。

由于在该层内的测点仅布置一排，因而无法利用数学软件进行三维表面处理和等值线绘制方面的数值分析。

5.2.1.2　第二层内各测点应力分析

1) 第二层内各测点应力变化及分析

如图 4-6 所示，在设计的石门揭煤巷道顶板上方 10 cm 处层面，顺着石门巷道轴线方向布置 B_1、B_2、B_3 共 3 排应力测点，每排 8 个测点。B_1 排布置于石门巷道轴线正上方，测点编号自西向东为 $B_1 7$～ $B_1 14$；B_2 排布置于第一排北侧 15 cm 处，测点编号自西向东依次为 $B_2 1$、$B_2 3$、$B_2 5$、$B_2 7$、$B_2 9$、$B_2 11$、$B_2 13$、$B_2 15$；B_3 排布置于第一排南侧 15 cm 处，测点编号自西向东依次为 $B_3 2$、$B_3 4$、$B_3 6$、$B_3 8$、$B_3 10$、$B_3 12$、$B_3 14$、$B_3 16$。

(1) 第二层第一排各测点应力分析

在石门揭煤巷道开挖过程中，B_1 排中各测点的应力分布如图 5-8 所示。

各测点应力的变化及分析如下：

① $B_1 7$ 测点。$B_1 7$ 测点由于紧靠试验箱体内壁，材料和内壁壁面间存在较大的摩擦力，测得的初始应力值很小，仅为 0.08 MPa。随着石门巷道的开挖，围岩卸压，最终值为 0.06 MPa，下降的幅度较小。

② $B_1 8$ 测点。距离开挖口内壁 10 cm 处的 $B_1 8$ 测点，初始应力值为 0.33 MPa。随着石门巷道的开挖，该点应力值逐渐降低，直至 0.14 MPa，该测点没有出现应力集中现象。

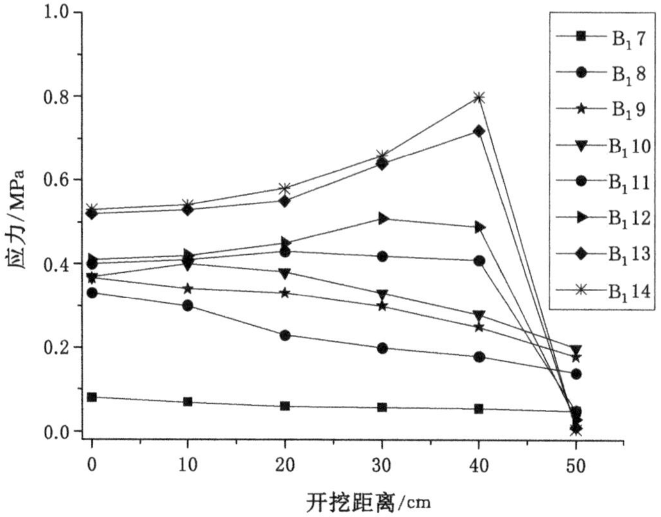

图 5-8　开挖过程中第二层第一排内各应力测点的应力分布

③ $B_1 9$ 测点。距离开挖口内壁 20 cm 处的 $B_1 9$ 测点，初始应力值为 0.366 MPa。随着石门巷道的开挖，该点应力值逐渐降低，直至 0.18 MPa，该测点也没有出现应力集中现象。

④ $B_1 10$ 测点。距离开挖口内壁 30 cm 处的 $B_1 10$ 测点，初始应力值为 0.368 MPa。石门巷道开挖至 10 cm 时，该点应力值升至 0.40 MPa；而开挖至 20 cm 时，该点应力值降至 0.38 MPa。随着开挖的继续，应力值继续降低，最终值为 0.20 MPa。该点应力值的上升是石门巷道开挖造成的应力集中的结果，而应力值的下降是石门巷道围岩卸压的结果。

⑤ $B_1 11$ 测点。距离开挖口内壁 40 cm 处的 $B_1 11$ 测点，初始应力值为 0.40 MPa。石门巷道开挖至 10 cm 时，该点应力值上升至 0.41 MPa；开挖至 20 cm 时，该点应力值升至 0.43 MPa；开挖至 30 cm 时，该点应力值却降至 0.42 MPa；开挖至 40 cm 时，该点应力值降至 0.41 MPa；继续开挖至突出发生，最终该点应力值降至 0.05 MPa。由于该测点位于“封闭型地质构造”应力影响范围内，因而初始应力值明显大于对模型施加的应力载荷。即使在该点下方进行开挖时，该点的应力值虽有所下降，但却仍然保持在较高的水平上，这就为突出的发生创造了有利条件。

⑥ $B_1 12$ 测点。距离开挖口内壁 50 cm 处的 $B_1 12$ 测点，初始应力值为 0.41 MPa，石门巷道开挖至 10 cm 时，该点应力值上升至 0.42 MPa；开挖至 20 cm 时，该点应力值升至 0.45 MPa；开挖至 30 cm 时，该点应力值升至

0.51 MPa;开挖至 40 cm 时,该点应力值降至 0.49 MPa;继续开挖即发生突出,最终该点应力值降至 0.03 MPa。该测点位于"封闭型地质构造"应力影响范围内,在石门巷道开挖的过程中,应力值一直保持在较高的水平上,这就为突出的发生创造了有利条件。

⑦ $B_1$13 测点。距离开挖口内壁 60 cm 处的 $B_1$13 测点,初始应力值为 0.52 MPa。石门巷道开挖至 10 cm 时,该点应力值上升至 0.53 MPa;开挖至 20 cm 时,该点应力值升至 0.55 MPa;开挖至 30 cm 时,该点应力值升至 0.60 MPa;开挖至 40 cm 时,该点应力值升至 0.72 MPa;继续开挖至突出发生,最终该点应力值降至 0.01 MPa。该测点位于"封闭型地质构造"应力影响范围内,在石门巷道开挖的过程中,应力值一直保持在较高的水平上,这就为突出的发生创造了有利条件。

⑧ $B_1$14 测点。距离开挖口内壁 70 cm 处的 $B_1$14 测点,初始应力值为 0.53 MPa。石门巷道开挖至 10 cm 时,该点应力值升至 0.54 MPa;开挖至 20 cm 时,该点应力值升至 0.58 MPa;开挖至 30 cm 时,该点应力值升至 0.66 MPa;开挖至 40 cm 时,该点应力值升至 0.80 MPa;继续开挖至突出发生,最终该点应力值降至 0.005 MPa。该测点位于"封闭型地质构造"边界尖端位置,在石门巷道开挖的过程中,应力值一直保持在较高的水平上,这就为突出的发生创造了有利条件。

(2) 第二层第二排各测点应力分析

在石门揭煤巷道开挖过程中,各测点的应力分布如图 5-9 所示。

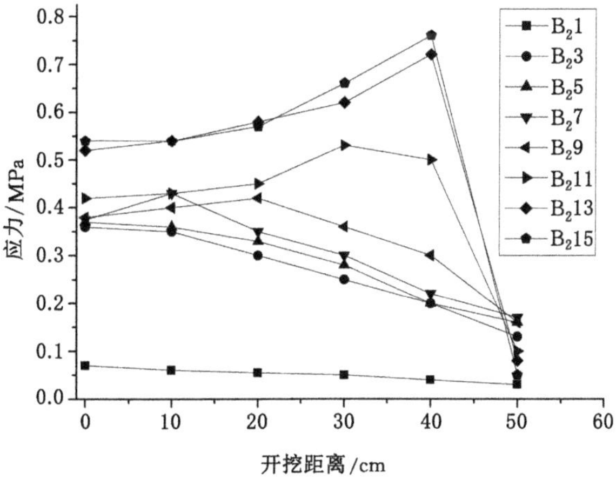

图 5-9 开挖过程中第二层第二排内各应力测点的应力分布

各测点应力的变化及分析如下：

① $B_2$1 测点。$B_2$1 测点由于紧靠试验箱体内壁，材料和内壁壁面间存在较大的摩擦力，测得的初始应力值非常小，仅为 0.07 MPa。随着石门巷道的开挖，应力值虽然有所降低，但是最终值为 0.05 MPa，下降的幅度较小。

② $B_2$3 测点。距离开挖口内壁 10 cm 处的 $B_2$3 测点，初始应力值为 0.36 MPa。随着石门巷道的开挖，该点应力值逐渐降低，直至 0.13 MPa，该测点没有出现应力集中现象。

③ $B_2$5 测点。距离开挖口内壁 20 cm 处的 $B_2$5 测点，初始应力值为 0.37 MPa。随着石门巷道的开挖，该点应力值逐渐降低，直至 0.16 MPa，该测点也没有出现应力集中现象。

④ $B_2$7 测点。距离开挖口内壁 30 cm 处的 $B_2$7 测点，初始应力值为 0.375 MPa，石门巷道开挖至 10 cm 时，该点应力值升至 0.40 MPa；开挖至 20 cm 时，该点应力值降至 0.35 MPa；继续开挖，应力值继续降低，最终值为 0.17 MPa。该点应力值的上升是石门巷道开挖造成的应力集中的结果，而应力值的下降是石门巷道围岩卸压的结果。

⑤ $B_2$9 测点。距离开挖口内壁 40 cm 处的 $B_2$9 测点，初始应力值为 0.38 MPa，石门巷道开挖至 10 cm 时，该点应力值上升至 0.40 MPa；开挖至 20 cm 时，该点应力值升至 0.42 MPa；而开挖至 30 cm 时，该点应力值降至 0.36 MPa；开挖至 40 cm 时，该点应力值降至 0.30 MPa；继续开挖至突出发生，最终该点应力值降至 0.16 MPa。该点应力值的上升是石门巷道开挖造成的应力集中的结果；应力值的下降是石门巷道围岩卸压的结果。

⑥ $B_2$11 测点。距离开挖口内壁 50 cm 处的 $B_2$11 测点，初始应力值为 0.42 MPa。石门巷道开挖至 10 cm 时，该点应力值上升至 0.43 MPa；开挖至 20 cm 时，该点应力值升至 0.45 MPa；开挖至 30 cm 时，该点应力值升至 0.53 MPa；开挖至 40 cm 时，该点应力值降至 0.50 MPa；继续开挖至突出发生，最终该点应力值降至 0.1 MPa。该测点位于“封闭型地质构造”应力壳影响范围内，在石门巷道开挖的过程中，应力值一直保持在较高的水平上，这就为突出的发生创造了有利条件。

⑦ $B_2$13 测点。距离开挖口内壁 60 cm 处的 $B_2$13 测点，初始应力值为 0.52 MPa。石门巷道开挖至 10 cm 时，该点应力值上升至 0.54 MPa；开挖至 20 cm 时，该点应力值升至 0.58 MPa；开挖至 30 cm 时，该点应力值升至 0.62 MPa；开挖至 40 cm 时，该点应力值升至 0.72 MPa；继续开挖至突出发生，最终该点应力值降至 0.1 MPa。该测点位于“封闭型地质构造”应力壳影响范围内，在石门巷道开挖的过程中，应力值一直保持在较高的水平上，这就为突出的

发生创造了有利条件。

⑧ $B_2$15 测点。距离开挖口内壁 70 cm 处的 $B_2$15 测点，初始应力值为 0.54 MPa。石门巷道开挖至 10 cm 时，该点应力值没有变化，仍为 0.54 MPa；开挖至 20 cm 时，该点应力值升至 0.57 MPa；开挖至 30 cm 时，该点应力值升至 0.66 MPa；开挖至 40 cm 时，该点应力值升至 0.76 MPa；继续开挖至突出发生，最终该点应力值降至 0.05 MPa。该测点处在“封闭型地质构造”应力壳影响范围内，在石门巷道开挖的过程中，应力值一直保持在较高的水平上，这就为突出的发生创造了有利条件。

(3) 第二层第 3 排各测点的位置与第二排呈南北对称排列，在开挖的过程中，第 3 排各测点应力与第二排基本一致，不再赘述。

2) 第二层内各点应力时空分布规律

利用 Surfer 数据处理软件对该层内各点应力进行插值处理，得到石门巷道开挖过程中巷道顶板上方 10 cm 处(第二层)各点的三维应力分布图及相应的等值线图，如图 5-10 所示。

由图 5-10 可以看出，在石门揭煤巷道开挖过程中，顶板上方 10 cm 处各点应力呈波浪地貌分布。

开挖前，在未受“封闭型地质构造”影响的区域内，围岩应力分布比较平坦(不考虑试验箱体壁面摩擦带来的影响)，而在受“封闭型地质构造”影响的区域出现应力峰[图 5-10(a)]。

开挖 10 cm 时，在未受“封闭型地质构造”影响的区域内，由于应力的重新分布(降低和升高)，也出现了应力峰，但其“海拔”明显低于“封闭型地质构造”影响区域内的应力峰[图 5-10(b)]。

开挖 20 cm 时，未受“封闭型地质构造”影响的区域内的小型应力峰向“封闭型地质构造”方向移动[图 5-10(c)]。

开挖 30 cm 时，小型应力峰已经转移到“封闭型地质构造”影响区域以内，出现应力峰叠加，而未受“封闭型地质构造”影响的区域内应力峰消失[图 5-10(d)]。

开挖 40 cm 时，未受“封闭型地质构造”影响的区域应力进一步降低，而在“封闭型地质构造”影响的区域内，处在卸压带内的围岩应力降低幅度较小，处在应力集中带内的围岩应力异常升高[图 5-10(e)]。

继续开挖至突出发生，“封闭型地质构造”影响区域内的应力大幅度降低，出现应力谷，围岩应力峰向深部转移[图 5-10(f)]。

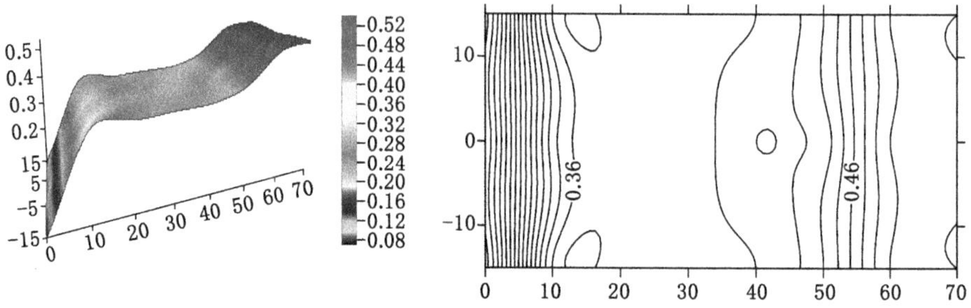

(a) 开挖前

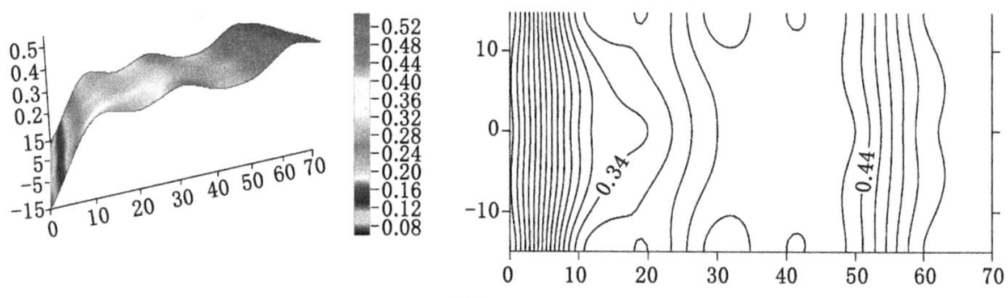

(b) 开挖10 cm

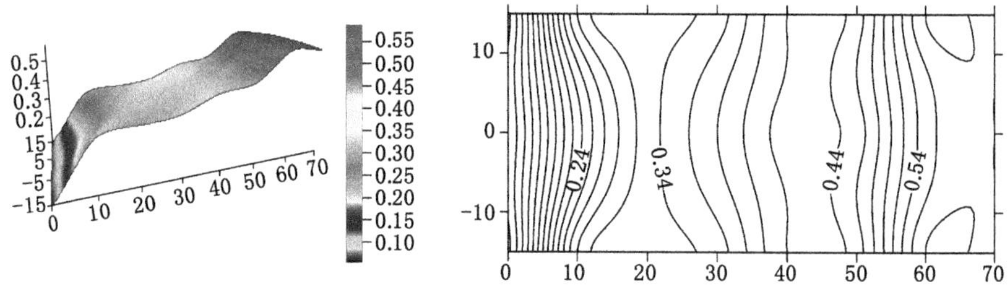

(c) 开挖20 cm

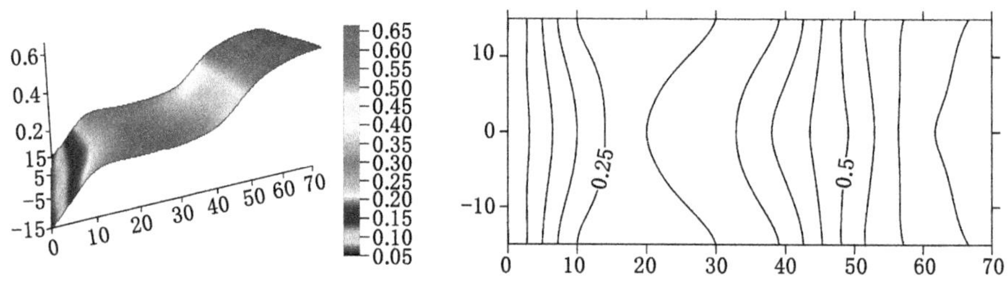

(d) 开挖30 cm

图 5-10　石门巷道开挖过程中围岩应力分布云图及等值线图

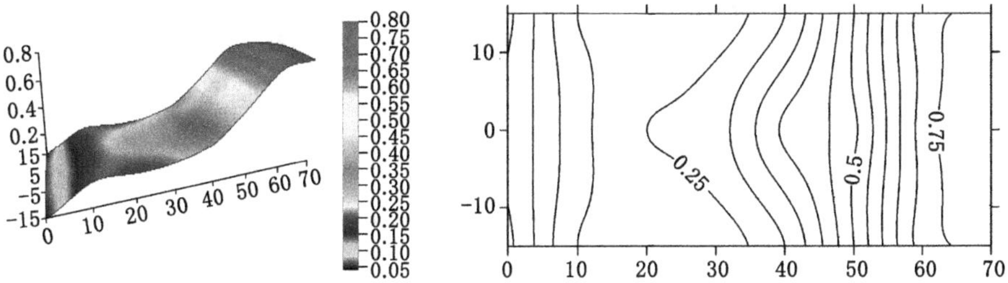

(e) 开挖40 cm

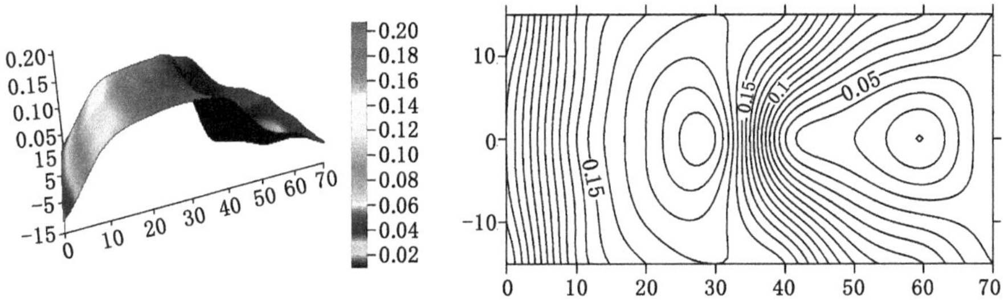

(f) 突出后

图 5-10 (续)

5.2.1.3 第 3 层内各测点应力分析

1) 第三层内各测点的应力变化及分析

如图 4-6 所示，在石门巷道上方 20 cm 处，顺着巷道轴线方向布置 3 排应力测点，每排 8 个测点，第一排布置于石门巷道轴线正上方，测点编号自西向东依次为 C18、C21、C24、C27、C30、C33、C36、C39；第二排布置于第一排北侧 15 cm 处，测点编号自西向东依次为 C17、C20、C23、C26、C29、C32、C35、C38；第三排布置于第一排南侧 15 cm 处，测点编号自西向东依次为 C19、C22、C25、C28、C31、C34、C37、C40。

(1) 第三层第一排各测点应力变化及分析

在石门揭煤巷道开挖过程中，各测点的应力分布如图 5-11 所示。各测点应力的变化及分析如下：

① C18 测点。C18 测点由于紧靠试验箱体内壁，材料和内壁壁面间存在较大的摩擦力，测得的初始应力值非常小，仅为 0.07 MPa。随着石门巷道的开挖，围岩卸压，应力值有所降低，最终值为 0.05 MPa，下降的幅度很小。

② C21 测点。距离开挖口内壁 10 cm 处的 C21 测点，初始应力值为 0.34 MPa。随着石门巷道的开挖，该点应力值逐渐降低，直至 0.23 MPa，该测点没有出现应力集中现象。

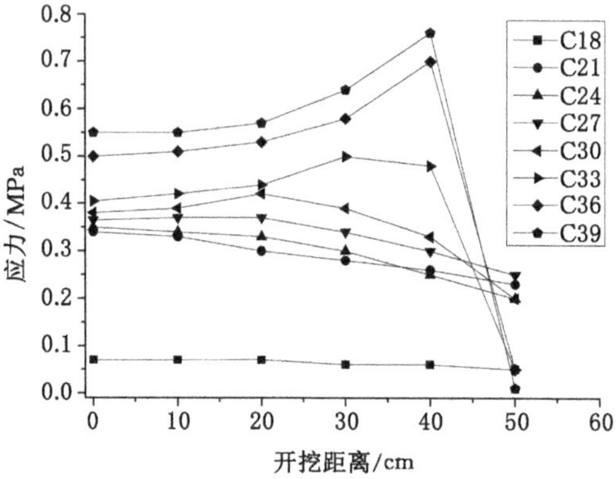

图 5-11　开挖过程中第三层第一排内各应力测点的应力分布

③ C24 测点。距离开挖口内壁 20 cm 处的 C24 测点，初始应力值为 0.35 MPa。随着石门巷道的开挖，该点应力值逐渐降低，直至 0.20 MPa，该测点也没有出现应力集中现象。

④ C27 测点。距离开挖口内壁 30 cm 处的 C27 测点，初始应力值为 0.365 MPa。石门巷道开挖至 10 cm 时，该点应力值升至 0.37 MPa；开挖至 20 cm 时，该点应力值没有变化，仍为 0.37 MPa；开挖至 30 cm 时，该点应力值降至 0.34 MPa；而开挖至 40 cm 时，该点应力值降至 0.30 MPa；随着开挖的继续，应力值继续降低，最终值为 0.25 MPa。该点应力值的上升是石门巷道开挖造成的应力集中的结果，而应力值的下降是石门巷道围岩卸压的结果。

⑤ C30 测点。距离开挖口内壁 40 cm 处的 C30 测点，初始应力值为 0.38 MPa。石门巷道开挖至 10 cm 时，该点应力值上升至 0.39 MPa；开挖至 20 cm 时，该点应力值升至 0.42 MPa；开挖至 30 cm 时，该点应力值降至 0.39 MPa；开挖至 40 cm 时，该点应力值降至 0.33 MPa；继续开挖至突出发生，最终该点应力值降至 0.20 MPa。该点应力值的上升是石门巷道开挖造成的应力集中的结果，而应力值的下降是巷道围岩卸压的结果。

⑥ C33 测点。距离开挖口内壁 50 cm 处的 C33 测点，初始应力值为 0.405 MPa。石门巷道开挖至 10 cm 时，该点应力值上升至 0.42 MPa；开挖至 20 cm 时，该点应力值升至 0.44 MPa；开挖至 30 cm 时，该点应力值升至 0.50 MPa；开挖至 40 cm 时，该点应力值降至 0.48 MPa；继续开挖至突出发生，最终该点应力值降至 0.05 MPa。该测点位于“封闭型地质构造”应力壳影响范围内，在石门巷道开挖的过程中，应力值一直保持在较高的水平上，这就为突出的发生创造了有利条件。

⑦ C36 测点。距离开挖口内壁 60 cm 处的 C36 测点，初始应力值为 0.50 MPa。石门巷道开挖至 10 cm 时，该点应力值上升至 0.51 MPa；开挖至 20 cm 时，该点应力值升至 0.53 MPa；开挖至 30 cm 时，该点应力值升至 0.58 MPa；开挖至 40 cm 时，该点应力值升至 0.70 MPa；继续开挖至突出发生，最终该点应力值降至 0.05 MPa。该测点位于"封闭型地质构造"应力壳影响范围内，在石门巷道开挖的过程中，应力值一直保持在较高的水平上，这就为突出的发生创造了有利条件。

⑧ C39 测点。距离开挖口内壁 70 cm 处的 C39 测点，初始应力值为 0.55 MPa。石门巷道开挖至 10 cm 时，该点应力值没有变化，仍为 0.55 MPa；开挖至 20 cm 时，该点应力值升至 0.57 MPa；开挖至 30 cm 时，该点应力值升至 0.64 MPa；开挖至 40 cm 时，该点应力值升至 0.76 MPa；继续开挖至突出发生，最终该点应力值降至 0.01 MPa。该测点位于"封闭型地质构造"尖端附近，在石门巷道开挖的过程中，应力值一直保持在较高的水平上，这就为突出的发生创造了有利条件。

2) 第三层第二排各测点应力

在石门揭煤巷道开挖过程中，各测点的应力分布如图 5-12 所示。各测点应力的变化及分析如下：

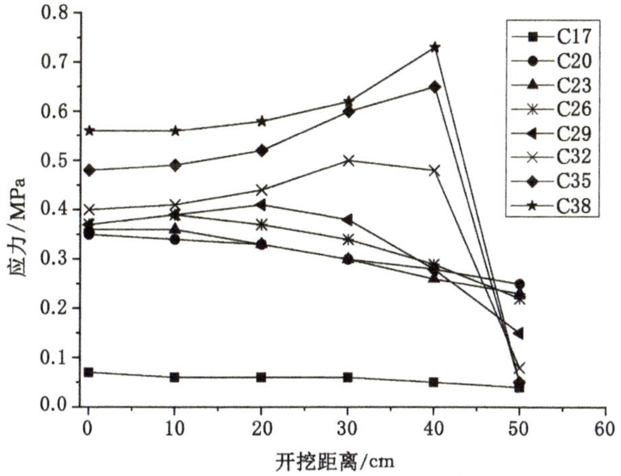

图 5-12　开挖过程中第三层第二排内各应力测点的应力分布

① C17 测点。C17 测点由于紧靠试验箱体内壁，材料和内壁壁面间存在较大的摩擦力，测得的初始应力值非常小，仅为 0.07 MPa。随着石门巷道的开挖，围岩卸压，应力值有所降低，最终值为 0.05 MPa，下降的幅度很小。

② C20 测点。距离开挖口内壁 10 cm 处的 C20 测点，初始应力值为 0.35 MPa。随着石门巷道的开挖，该点应力值逐渐降低，直至 0.25 MPa，该测点没有出现应力集中现象。

③ C23 测点。距离开挖口内壁 20 cm 处的 C23 测点，初始应力值为 0.36 MPa。随着石门巷道的开挖，该点应力值逐渐降低，直至 0.23 MPa，该测点也没有出现应力集中现象。

④ C26 测点。距离开挖口内壁 30 cm 处的 C26 测点，初始应力值为 0.37 MPa。石门巷道开挖至 10 cm 时，该点应力值升至 0.39 MPa；开挖至 20 cm 时，该点应力值下降至 0.37 MPa；开挖至 30 cm 时，该点应力值降至 0.34 MPa；开挖至 40 cm 时，该点应力值降至 0.29 MPa；随着开挖的继续，应力值继续降低，最终值为 0.22 MPa。该点应力值的上升是石门巷道开挖造成的应力集中的结果；应力值的下降是石门巷道围岩卸压的结果。

⑤ C29 测点。距离开挖口内壁 40 cm 处的 C29 测点，初始应力值为 0.37 MPa。石门巷道开挖至 10 cm 时，该点应力值上升至 0.39 MPa；开挖至 20 cm 时，该点应力值升至 0.41 MPa；开挖至 30 cm 时，该点应力值降至 0.38 MPa；开挖至 40 cm 时，该点应力值降至 0.28 MPa；继续开挖至突出发生，最终该点应力值降至 0.15 MPa。该点应力值的上升是石门巷道开挖造成的应力集中的结果；应力值的下降是石门巷道围岩卸压的结果。

⑥ C32 测点。距离开挖口内壁 50 cm 处的 C32 测点，初始应力值为 0.40 MPa，石门巷道开挖至 10 cm 时，该点应力值上升至 0.41 MPa；开挖至 20 cm 时，该点应力值升至 0.44 MPa；开挖至 30 cm 时，该点应力值升至 0.50 MPa；开挖至 40 cm 时，该点应力值降至 0.48 MPa；继续开挖至突出发生，最终该点应力值降至 0.08 MPa。该测点位于“封闭型地质构造”应力壳影响范围内，在石门巷道开挖的过程中，应力值一直保持在较高的水平上，这就为突出的发生创造了有利条件。

⑦ C35 测点。距离开挖口内壁 60 cm 处的 C35 测点，初始应力值为 0.48 MPa，石门巷道开挖至 10 cm 时，该点应力值上升至 0.49 MPa；开挖至 20 cm 时，该点应力值升至 0.52 MPa；开挖至 30 cm 时，该点应力值升至 0.60 MPa；开挖至 40 cm 时，该点应力值降至 0.65 MPa；继续开挖至突出发生，最终该点应力值降至 0.05 MPa。该测点位于“封闭型地质构造”应力壳影响范围内，在石门巷道开挖的过程中，应力值一直保持在较高的水平上，这就为突出的发生创造了有利条件。

⑧ C38 测点。距离开挖口内壁 70 cm 处的 C38 测点，初始应力值为 0.56 MPa，石门巷道开挖至 10 cm 时，该点应力值没有变化，仍为 0.56 MPa；开挖至 20 cm 时，该点应力值升至 0.58 MPa；开挖至 30 cm 时，该点应力值升至 0.62 MPa；开挖至 40 cm 时，该点应力值升至 0.73 MPa；继续开挖至突出发生，最

终该点应力值降至 0.05 MPa。该测点处在“封闭型地质构造”应力壳影响范围内，在石门巷道开挖的过程中，应力值一直保持在较高的水平上，这就为突出的发生创造了有利条件。

(3) 第三层第三排各测点

其位置与第二排呈南北对称排列，在开挖的过程中，第三排各应力测点的应力变化规律与本层第二排基本一致，此处不再赘述。

2) 第三层各点应力时空分布规律

利用 Surfer 数据处理软件对该层内各测点应力进行插值处理，得出开挖过程中石门巷道上方 20 cm 处(第三层)围岩各点的三维应力分布及相应的等值线图，如图 5-13 所示。

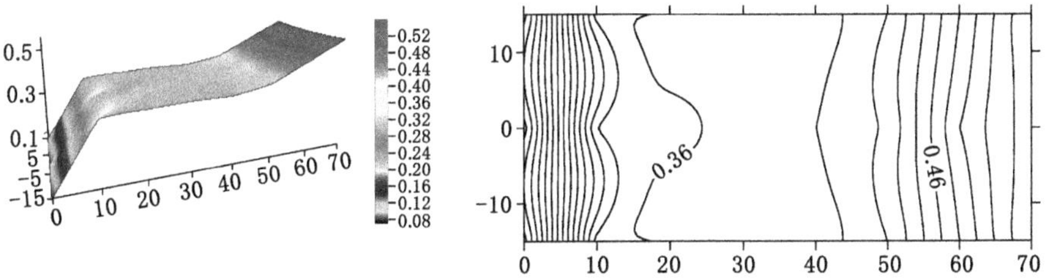

(a) 开挖前

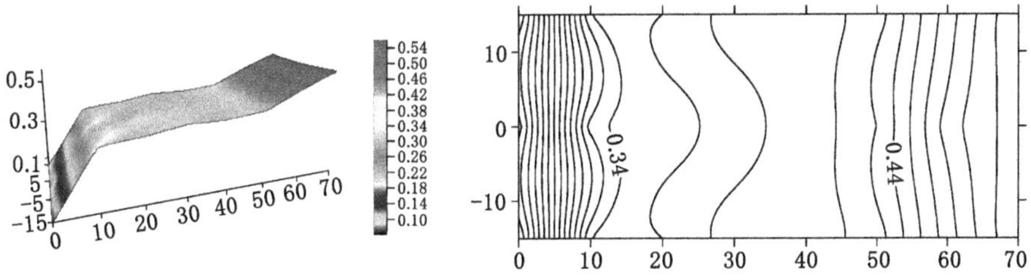

(b) 开挖10 cm

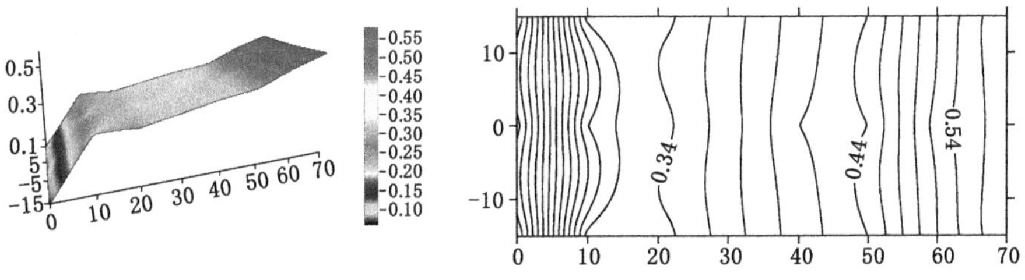

(c) 开挖20 cm

图 5-13　开挖过程中围岩应力分布云图及等值线图

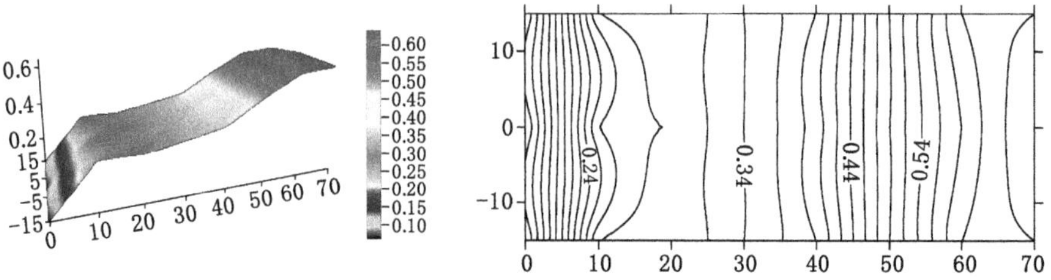

(d) 开挖30 cm

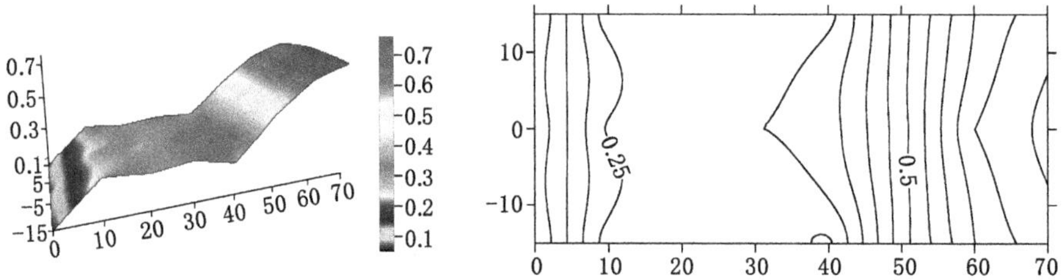

(e) 开挖40 cm

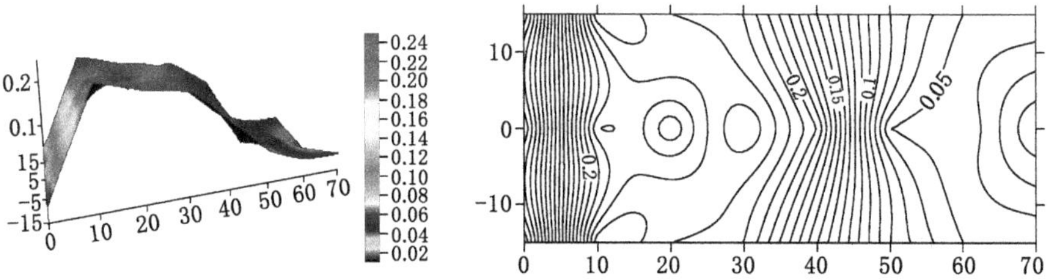

(f) 突出后

图 5-13 (续)

由图 5-13 可以看出,在石门揭煤巷道开挖过程中,该层围岩内各点应力呈波浪地貌分布,这一点和第二层围岩内各点应力分布规律相似。不同的是,在石门巷道开挖过程中,该层内未受“封闭型地质构造”影响的区域围岩的应力峰现象不明显,说明该层内围岩应力分布受到开挖影响的程度较小[图 5-13(b)和图 5-13(c)]。

5.2.1.4 石门揭煤巷道开挖过程中围岩应力分布规律

结合前面的石门揭煤试验中有关测点应力变化的大量数据,总结出石门巷道开挖过程中围岩应力的分布规律:

(1) 在未受“封闭型地质构造”影响的区域

开挖巷道端面前方围岩存在卸压区和应力升高区,0～10 cm 范围为卸压区,10～30 cm 范围为应力升高区。20～30 cm 范围内应力达到最大值,但应力集中系数相对较小，一般不大于 1.17。该区域内围岩的应力变化仅与石门巷道开挖后应力的重新分布有关。

(2) 在未受“封闭型地质构造”影响区域

巷道顶部和两侧围岩应力均会受开挖卸压效应影响而有所下降。试验数据显示，石门巷道两侧围岩的卸压程度要大于顶板上方围岩，图 5-14 显示了用于石门巷道支护的白铁皮发生的变形情况，可以直观地看到横向变形量明显大于垂向变形量，与试验数据完全吻合。

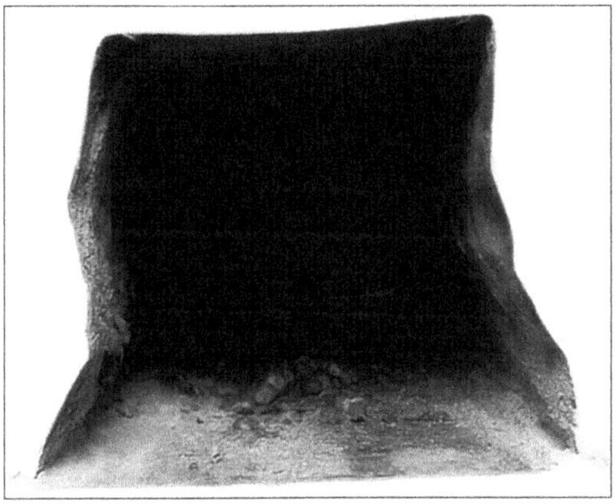

图 5-14　巷道支护材料变形实物图

(3) 明显受到“封闭型地质构造”应力影响的测点

① 第一层的测点 A4、A5 和 A6。

② 第二层的 $B_1$11、$B_1$12、$B_1$13 和 $B_1$14 测点，$B_2$11、$B_2$13 和 $B_2$15 测点，$B_3$12、$B_3$14 和 $B_3$16 测点。

③ 第 3 层的 C33、C36 和 C39 测点，C32、C35 和 C38 测点，C34、C37 和 C40 测点。

由此可推断出“封闭型地质构造”影响范围：在逆断层倾向方向上，上盘至少约 20 cm 范围内的煤体和下盘至少约 10 cm 范围内的煤体。

(4) 在受到“封闭型地质构造”影响的区域

围岩的应力异常增加，开挖至“封闭型地质构造”附近时，局部应力集中系数可达到 2.18，即使十分靠近开挖端面的围岩仍保持比较高的应力值，应力梯度值高。这是“封闭型地质构造”影响下巷道围岩应力的一个重要特性，也是石门揭开含“封闭型地质构造”突出煤层突出发生的一个重要原因。

(5) 石门巷道开挖 40 cm 后

靠近“封闭型地质构造”，若在围岩未及时释放的大量应力潜能下继续开挖，前方围岩开始失稳鼓出，随即发生突出，围岩的应力急剧下降。突出发生时，巷道端面与“封闭型地质构造”的法向距离约为 10 cm，这个厚度即为试验中的保护岩柱厚度，相当于现场的 4 m。在深部进行石门揭煤时，若取一个安全系数为 1.5，安全岩柱的厚度宜大于 6 m。

5.2.2 石门巷道开挖过程中围岩的位移变化及分析

考虑材料内布置位移计（图 5-15）过多，会对围岩力学特性造成一定的影响，故本次试验中仅选用了设计图（图 4-7）中的 12 个测点（$1^{\#}$、$2^{\#}$、$6^{\#}$、$7^{\#}$、$16^{\#}$、$17^{\#}$、$18^{\#}$、$19^{\#}$、$20^{\#}$、$21^{\#}$、$22^{\#}$、$23^{\#}$）。

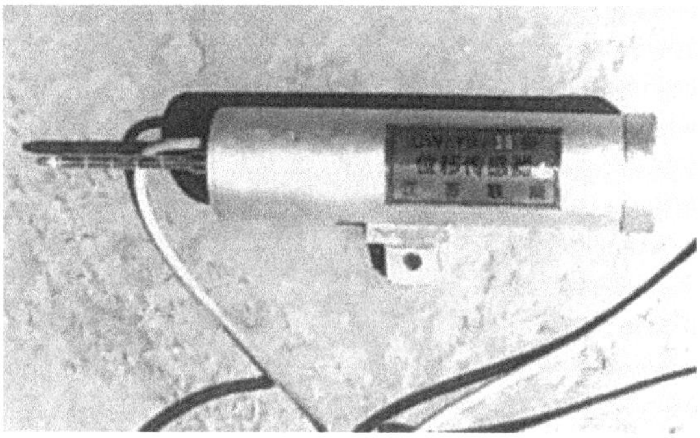

图 5-15　CW-YB-50 型位移传感器

5.2.2.1　不同位置测点围岩的位移分析

（1）封闭型地质构造远处围岩的位移变化

图 5-16 显示了石门巷道开挖过程中，距离封闭型地质构造较远处的 $1^{\#}$、$2^{\#}$ 与 $6^{\#}$、$7^{\#}$ 测点的位移变化情况。具体情况如下：

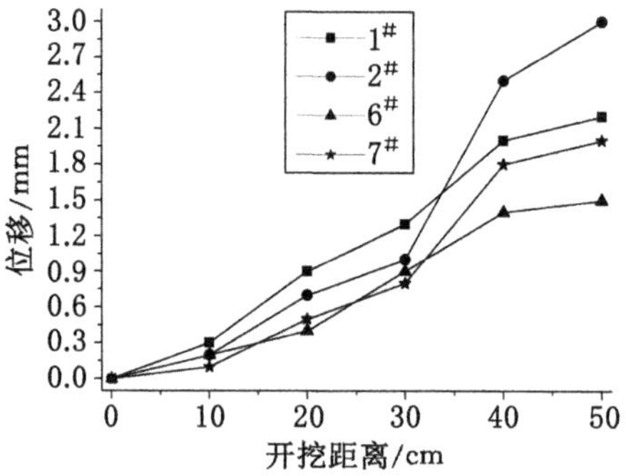

图 5-16　距封闭型地质构造较远处围岩位移变化曲线

① $1^{\#}$ 测点。该测点紧靠试验箱体开挖口所在壁面，位于石门巷道轴线北

20 cm 处。石门巷道开挖至 10 cm 时，该点位移为 0.3 mm；开挖至 20 cm 时，该点位移升至 0.9 mm；开挖至 30 cm 时，该点位移升至 1.3 mm；开挖至 40 cm 时，该点位移升至 2 mm；继续开挖至突出发生时，该点位移继续上升，最终值为 2.2 mm。

② 2# 测点。该测点位于试验箱体开挖口所在壁面东 20 cm，石门巷道轴线北 20 cm 处。石门巷道开挖至 10 cm 时，该点位移为 0.2 mm；开挖至 20 cm 时，该点位移升至 0.7 mm；开挖至 30 cm 时，该点位移升至 1.0 mm；开挖至 40 cm 时，该点位移升至 2.5 mm；继续开挖至突出发生时，该点位移继续上升，最终值为 3.0 mm。

③ 6# 测点。该测点紧靠试验箱体开挖口所在壁面，位于石门巷道轴线正上方 15 cm 处。石门巷道开挖至 10 cm 时，该点位移为 0.2 mm；开挖至 20 cm 时，该点位移升至 0.4 mm；开挖至 30 cm 时，该点位移升至 0.9 mm；开挖至 40 cm 时，该点位移升至 1.4 mm；继续开挖至突出发生时，该点位移上升幅度较小，最终值为 1.5 mm。

④ 7# 测点。该测点位于试验箱体开挖口所在壁面东 20 cm，石门巷道轴线正上方 15 cm 处。石门巷道开挖至 10 cm 时，该点位移为 0.1 mm；开挖至 20 cm 时，该点位移升至 0.5 mm；开挖至 30 cm 时，该点位移升至 0.8 mm；开挖至 40 cm 时，该点位移升至 1.8 mm；继续开挖至突出发生时，该点位移上升幅度较小，最终值为 2.0 mm。

(2)“封闭型地质构造”附近围岩的位移变化

16#、18# 与 20#、22# 测点的位移在开挖过程中的变化情况如图 5-17 所示。各测点的位移变化分别如下：

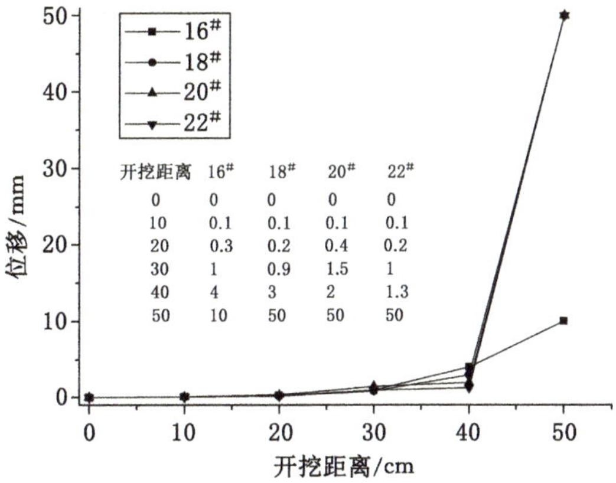

开挖距离	16#	18#	20#	22#
0	0	0	0	0
10	0.1	0.1	0.1	0.1
20	0.3	0.2	0.4	0.2
30	1	0.9	1.5	1
40	4	3	2	1.3
50	10	50	50	50

图 5-17　开挖过程中测点的位移变化曲线

① 16#测点。该测点位于试验箱体开挖口所在壁面东 40 cm，石门巷道轴线北 10 cm 处。石门巷道开挖至 10 cm 时，该点位移为 0.1 mm；开挖至 20 cm 时，该点位移升至 0.3 mm；开挖至 30 cm 时，该点位移升至 1.0 mm；开挖至 40 cm 时，该点位移升至 4.0 mm；继续开挖至突出发生时，该点位移上升幅度较大，为 10.0 mm。

② 18#测点。该测点位于试验箱体开挖口所在壁面东 60 cm，石门巷道轴线北 10 cm 处。石门巷道开挖至 10 cm 时，该点位移为 0.1 mm；开挖至 20 cm 时，该点位移升至 0.2 mm；开挖至 30 cm 时，该点位移升至 0.9 mm；开挖至 40 cm 时，该点位移升至 3.0 mm；继续开挖至突出发生时，该点位移上升幅度极大，显示为 50.0 mm。

③ 20#测点。该测点布置在石门巷道下方 10 cm 的煤层中，位于试验箱体开挖口所在壁面东 50 cm，石门巷道轴线北 5 cm 的处，处在“封闭型地质构造”的右下方。石门巷道开挖至 10 cm 时，该点位移为 0.1 mm；开挖至 20 cm 时，该点位移升至 0.4 mm；开挖至 30 cm 时，该点位移升至 1.5 mm；开挖至 40 cm 时，该点位移升至 2.0 mm；继续开挖至突出发生时，该点位移上升幅度极大，为 50 mm。

④ 22#测点。该测点布置在石门巷道下方 10 cm 的煤层中，位于试验箱体开挖口所在壁面东 60 cm，石门巷道轴线北 5 cm 的处，处在“封闭型地质构造”的下方。石门巷道开挖至 10 cm 时，该点位移为 0.1 mm；开挖至 20 cm 时，该点位移升至 0.2 mm；开挖至 30 cm 时，该点位移升至 1.0 mm；开挖至 40 cm 时，该点位移升至 1.3 mm；继续开挖至突出发生时，该点位移上升幅度极大，为 50 mm。

5.2.2.2 石门巷道开挖过程中围岩位移规律

① 随着石门揭煤巷道的推进，由于围岩的变形，围岩的位移具有增加的趋势。

② 在石门巷道支护的范围内，巷道上覆围岩位移量较小，最大值仅为 3.0 mm。数据显示，巷道顶板两侧围岩(如 1#、2#测点)的位移量要明显大于巷道上方围岩(如 6#、7#测点)的位移量。

③ 突出发生以前，封闭型地质构造围岩的位移量较小，一般在 2.0 mm 以下，但在突出发生后，该区域围岩位移量急剧上升，甚至超过了位移计的量程的 50 mm。

④ 突出结束以后，封闭型地质构造附近围岩个别位置位移量又有所下降，下降幅度为最大位移量的 20%左右，说明突出形成的空洞在上覆岩层应力作用下产生压缩变形，体积有所缩小。应当指出的是，现场突出空洞体积也应是变形之后的结果。

5.2.3　突出过程中的瓦斯压力和温度变化规律

5.2.3.1　瓦斯压力变化

分别用两个气瓶向封闭型地质构造内部和断层两侧的煤层内充气，充气压力约为 1 MPa(图 5-18)。在石门巷道开挖的过程中，考虑密封箱体内的煤层瓦斯会有一定程度的漏失，因而在突出试验完成前，需要每隔 2～3 h 需要向封闭型地质构造和煤层内进行补充气体，以保证达到试验所需的瓦斯压力。

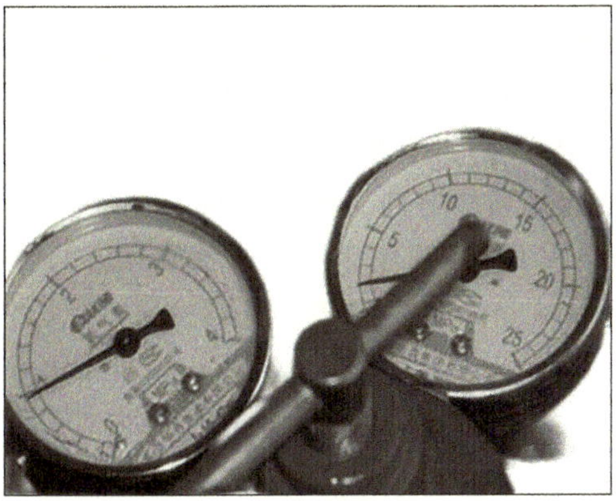

图 5-18　充气时表盘显示的瓦斯压力

试验发现：在突出发生之前，封闭型地质构造和煤层内一直保持着较高的瓦斯压力；在突出发生后，封闭型地质构造内的瓦斯压力首先迅速降低，在 1.5 s 内便下降至 0 MPa。随即两侧煤层内的瓦斯压力也开始下降，但下降的速率也明显小于封闭型地质构造(图 5-19)。这说明，突出是从封闭型地质构造区域开

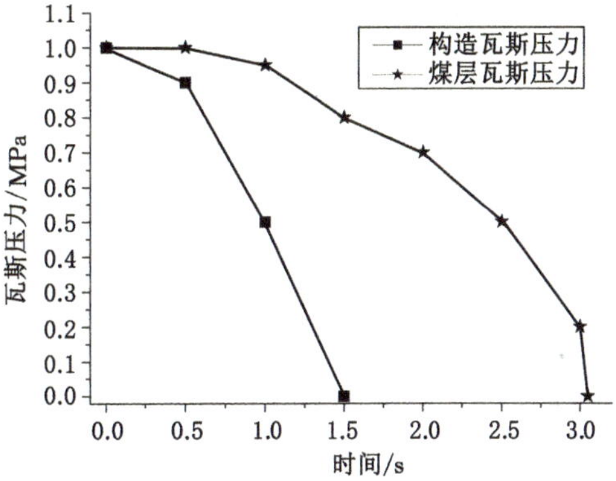

图 5-19　突出过程中瓦斯压力变化曲线

始，然后发展到两侧煤层，构造附近煤层中的瓦斯压力在突出发生 3 s 之后也下降为 0 MPa，说明突出的持续时间约为 3 s。

5.2.3.2 充气和突出过程中煤体温度变化

试验发现：在充入瓦斯气体前后以及突出前后，封闭型地质构造及两侧煤层内的温度出现了明显的变化。

(1) 充气过程中温度变化

如图 5-20 所示，在充气之前，室温为 10 ℃，而箱体内由于潮湿温度较低，封闭型地质构造的温度为 8.5 ℃，断层两侧煤层内的温度分别为 8.7 ℃和 8.9 ℃。在开始充气后，封闭型地质构造和煤层内的温度迅速升高。在充气前 10 min 内，温度升高速率最大，且封闭型地质构造上升的速率大于煤层。随后两侧煤层的温度上升的速率明显变缓，封闭型地质构造内温度的上升速率也在减小。在充气 45 min 后，封闭型地质构造和两侧煤层的温度趋于稳定。此时，封闭型地质构造温度高达 36.3 ℃(可闻到焦味)，而两侧的煤层的温度分别为 28.3 ℃、27.2 ℃，室内温度为 9.1 ℃。

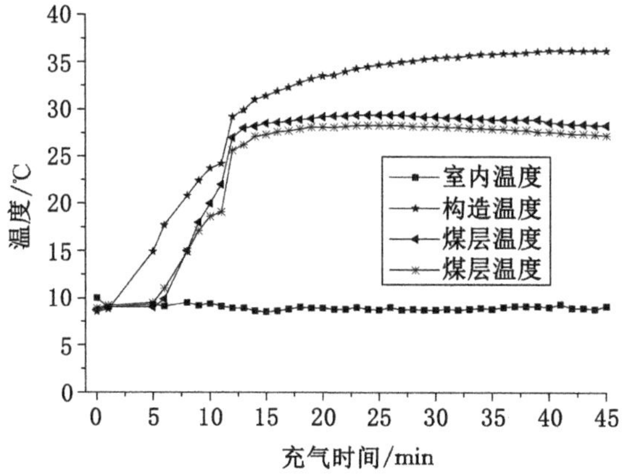

图 5-20 充气过程中温度的变化曲线

在充气过程中温度升高的原因：高压钢瓶中的液态 CO_2 在体积膨胀过程中吸热，然后在密封性能良好的封闭型地质构造和煤层内被压缩、吸附，所含热量部分释放。封闭型地质构造的热传导性能较差，故温度偏高，而煤层热传导性能较好，温度相对较低。在充气过程的前 10 min 内，瓦斯在封闭型地质构造和煤层中处于强烈渗透和吸附阶段，温度上升速度快；随后处于缓慢渗透和吸附阶段，温度上升速率变缓；充气 45 min 后，煤体对瓦斯渗透和吸附趋于饱和，温度也趋于稳定。

(2) 突出过程中温度变化及分析

如图 5-21 所示，在突出发生瞬间，由于瓦斯的膨胀和解吸，封闭型地质构造的温度迅速下降，突出发生 2 s 时温度下降到 −6.4 ℃。在突出发生后，两侧煤层内的温度也随之下降，但温度开始下降的时间滞后于封闭型地质构造，温度下降的幅度也较小，最低温度仍在室温以上，随后温度又缓慢回升。试验发现：在突出终止数小时后，封闭型地质构造和两侧煤层内的温度明显高于环境温度，这与材料破坏过程中的摩擦力和地应力做功有关。

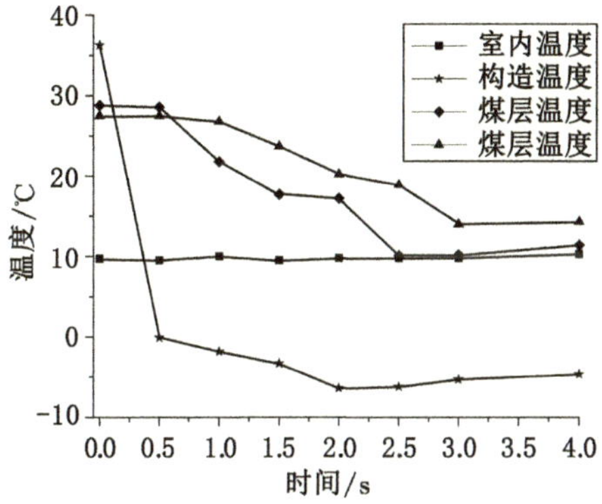

图 5-21　突出过程中温度变化曲线

试验中，突出发生时温度明显下降的现象与现场突出前煤壁发冷的情形是相符的。目前，煤矿井下也已经将采煤工作面附近煤壁温度的异常降低现象视为突出发生的征兆之一。

5.3　本章小结

本章主要介绍了石门揭含封闭型地质构造煤层相似模拟试验突出现象，详细分析了石门巷道开挖过程中围岩应力、位移、瓦斯压力、温度等变化规律。

① 突出持续时间为 3 s，突出材料喷射速度为 15 m/s，距离巷道口最远 4 m，在巷道内堆积厚度为 3 cm，具有分选性，突出后产生了“口小腔大”的典型空洞。

② 在封闭型地质构造远处围岩的应力存在卸压区和应力集中区，主要受采动应力影响，应力集中系数相对较小；在封闭型地质构造影响区域内，应力状态受到构造应力和采动应力双重影响，应力集中系数十分大；封闭型地质构造附近出现了高应力梯度异常现象。

③ 石门巷道开挖过程中，巷道两侧围岩的位移量明显大于巷道上方顶板围岩的位移量，突出发生后，封闭型地质构造围岩位移量出现了急剧上升，突出结束后位移一定的减小，说明突出空洞在后期有所缩小。

④ 从突出发生时封闭型地质构造和煤层内的瓦斯压力、温度的变化特征规律来看，突出是从封闭型地质构造开始发动的，然后向附近的煤层扩展，封闭型地质构造是突出的中心。

第 6 章

石门揭含封闭型地质构造煤层突出力学特性数值分析

随着计算机技术的飞速发展，数值模拟技术在矿山工程、岩土工程等领域中得到广泛的应用。数值模拟方法具有省时、省力的优势，还可以辅助完成相似模拟试验中不易操作的过程，细观再现一些现象，如再现煤岩体细观单元损伤的过程、应力场和瓦斯流场的演化等。此外，数值模拟方法可以弥补相似材料试验相似程度较低的不足，可以做到现场地质体大模型分析。

根据第 3 章中所描述的“封闭型地质构造”模型，并结合第 4 章中实验室突出模拟试验，利用唐春安教授开发的 $RFPA^{2D}$ 软件，考虑煤岩介质材料力学性质的非均匀性特点及变形破裂过程中透气性的非线性变化特性，建立石门揭含封闭型地质构造煤层的数值模型，进一步细观再现和分析石门巷道开挖过程中围岩的地应力、声发射、瓦斯场等力学参数的演化规律。

6.1 石门揭含封闭型地质构造煤层数值模型的建立

6.1.1 含瓦斯煤岩渗流破坏固流耦合方程

$RFPA^{2D}$-Flow 含瓦斯煤岩破裂固-气耦合力学模型的本构方程矩阵主要包括瓦斯渗流场、煤岩体固体变形场和煤岩破裂过程中的应力-透气性系数耦合作用场 3 部分[190-192]。

根据质量守恒定律，煤岩体中的气态瓦斯渗流方程为：

$$\alpha_P(\nabla^2 P) = \frac{\partial P}{\partial t} \tag{6-1}$$

式中 α_P——储气系数，$\alpha_P = 4\lambda A^{-1}P^{0.75}$，$A$ 为煤层瓦斯含量系数，$m^3/(m^3 \cdot MPa^{0.5})$；

P——煤层瓦斯压力 p 的平方，$P=p^2$；

λ——透气性系数，$m^2/(MPa^2 \cdot d)$。

考虑煤层孔隙瓦斯压力，煤岩体变形场方程可以用位移表示：

$$(k+G)u_{j,ji}+Gu_{i,jj}+f_i+(\alpha\sqrt{P})_{,i}=0 \tag{6-2}$$

式中 G,k——剪切模量和拉梅常数，G,k 中涉及的材料力学参数，如强度、弹性模量等均服从威布尔(Weibull)统计分布；

u——煤岩体的变形位移；

f_i——煤岩体的体积力，MPa；

α——煤层孔隙瓦斯压力系数，$0<\alpha<1$。

考虑瓦斯渗流-煤岩体变形的相互作用，引入应力-透气性系数耦合关系方程，以反映煤岩体变形过程中透气性系数的变化情况。

$$\lambda=\begin{cases}\lambda_0 e^{-\beta(\sigma_1-\alpha p)} & D=0\\ \xi\lambda_0 e^{-\beta(\sigma_1-\alpha p)} & D>0\end{cases}\quad(\text{单轴压缩})$$

$$\lambda=\begin{cases}\lambda_0 e^{-\beta(\sigma_3-\alpha p)} & D=0\\ \xi\lambda_0 e^{-\beta(\sigma_3-\alpha p)} & 0<D<1\\ \xi'\lambda_0 e^{-\beta(\sigma_3-\alpha p)} & D=1\end{cases}\quad(\text{单轴拉伸}) \tag{6-3}$$

式中 λ——初始透气性系数；

ξ——透气性系数增大倍率，根据试验确定；

p——孔隙瓦斯压力；

β——耦合系数，根据试验确定。

6.1.2 石门揭含封闭型地质构造煤层数值模型

(1) 数值模型及边界条件

选取石门巷道-封闭型地质构造中心纵剖面，建立二维平面应力模型。模型尺寸为 40 m(宽)×60 m(高)，划分为 200×300 个单元。模型中 13-2 煤厚 1.23 m，直接顶为 1.05 m 粉砂质黏土岩，直接底为 5.79 m 黏土岩；13-1 煤厚 5.6 m，直接顶为 0.1 m 碳质页岩，直接底为 6.0 m 粉砂质黏土岩。模型的四周设定为不透气边界；模型上边界加载，下边界固定，载荷大小按煤层埋深和容重计算，模型左右边界为固定约束。数值模型如图 6-1 所示。

模型开挖在 13-1 煤底板岩层中进行，前 4 步每步开挖 20 个单元，相当于现

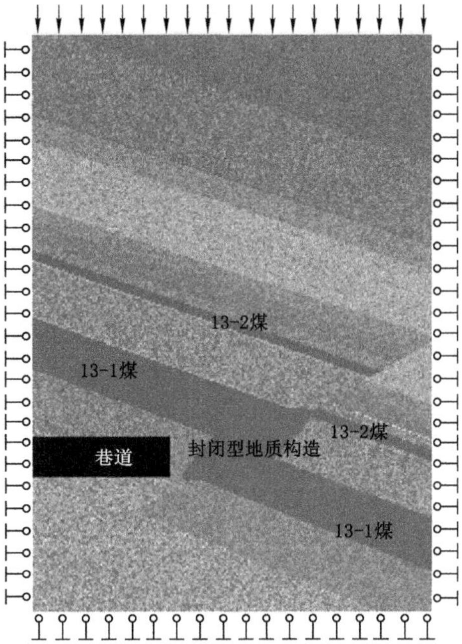

图 6-1　石门揭含封闭型地质构造煤层数值模型

场为 4 m 的日进尺，第 5 步开挖距离较小，为 5 个单元。在开挖过程中，在前方 24 m 处遇到一个落差高度接近煤层厚度的逆断层，在断层剪切、挤压和揉搓作用下，在断处煤层内存在一个富含瓦斯的近椭球形的封闭型地质构造带，断层和封闭型地质构造的边界设为不规则形状。

(2) 数值模型力学和渗流参数

在数值模拟中，模型上边界垂向载荷取埋深为 1 000 m 情况下的自重应力值为 $\sigma_1=\gamma H=24.5$ MPa，煤层瓦斯压力为 3.8 MPa，封闭型地质构造内瓦斯压力取为 4.0 MPa。数值模型力学及渗流参数见表 6-1。

表 6-1　数值模型力学及渗流参数

力学参数	13-2 煤		13-1 煤		封闭构造	节理
	13-2 煤	直接顶/底	13-1 煤	直接顶/底		
均质度/m	3	3/4	3	2/4	5	5
弹性模量均值 E_0/GPa	3	9/9	3	3/9	2	2
抗压强度均值 σ_0/MPa	30	43/49	30	30/43	5	20
内摩擦角 φ/(°)	30	32/34	30	30/34	28	25

表 6-1(续)

力学参数	13-2 煤		13-1 煤		封闭构造	节理
	13-2 煤	直接顶/底	13-1 煤	直接顶/底		
泊松比 μ	0.3	0.26/0.26	0.3	0.27/0.26	0.5	0.4
容重/(10^3 kg·m^{-3})	1.4	2.6/2.6	1.4	1.4/2.6	1.4	2
透气性系数 λ/(m^2·MPa^{-2}·d^{-1})	0.01	0.001/0.005	0.01	0.005/0.001	5	1
瓦斯含量系数 A/(m^3·m^{-3}·MPa$^{-1/2}$)	3	0.01/0.01	19	0.05/0.01	20	0.1
孔隙压力系数 α	0.1	0.001/0.001	0.2	0.05/0.001 8	0.2	0.01
耦合系数 β	0.2	0.1/0.1	0.2	0.1/0.1	0.2	0.2

需要指出的是,13-1 煤和 13-2 煤的抗压强度取值比实际煤层的强度大,抗压但不抗拉,目的是避免较大载荷应力下,计算一开始就在煤层破坏上迭代循环,冗余工作量增加。数值模拟结果中第($m-n$)表示计算第 m 大步的第 n 小步,n 是第 m 开挖步中的迭代次数。

6.2 石门揭含封闭型地质构造煤层突出模拟结果及分析

6.2.1 石门揭含封闭型地质构造煤层突出力学特性

6.2.1.1 地应力场数值模拟分析

图 6-2 是数值模拟的主应力云图,并针对性选取模型中 1# 点($x=2,y=190$)、2# 点($x=80,y=250$)和 3# 点($x=140,y=190$)来分析开挖过程中局部围岩应力变化,如图 6-3 所示。

(1) 1# 点

该点的坐标为($x=2,y=190$),紧靠着模型左边界,在石门巷道顶板上方 4 m 处,该点应力在开挖第 1 步时为 4.8 MPa,开挖第 2 步时为 4.2 MPa,开挖第 3 步时为 4 MPa,开挖第 4 步时为 3.8 MPa,突出过后的应力为 3.5 MPa。在相似材料模型中与该点相对应的测点是应力测点第二层第一排的 $B_1$7 点,将 $B_1$7 点的试验数据换算成现场数据,利用 Matlab 的 corrcoef 相关性命令进行比较分析。结果显示,两组数据变化曲线的相关性系数为 0.996 3。

(2) 2# 点

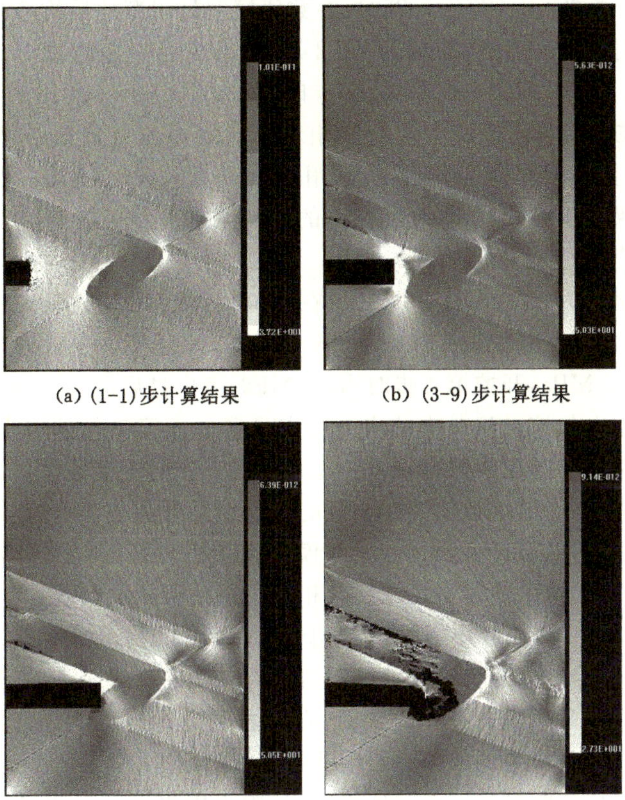

(a) (1-1)步计算结果　(b) (3-9)步计算结果

(c) (4-1)步计算结果　(d) (5-1)步计算结果

图 6-2　数值模拟的模型主应力场演化

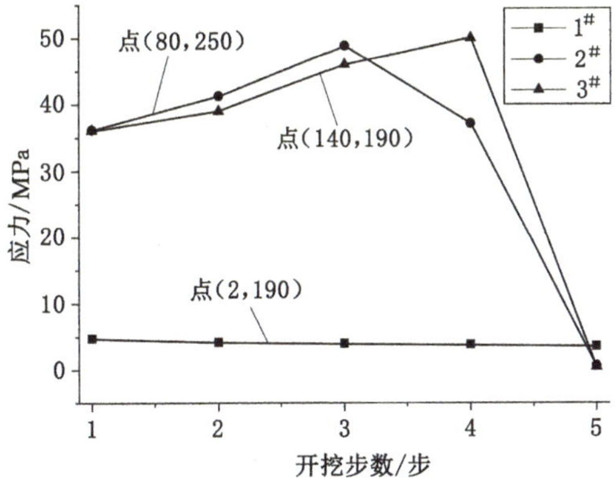

图 6-3　数值模拟的模型局部点的应力变化曲线

该点的坐标为($x=80$,$y=250$),在数值模型封闭型地质构造左下方的尖端位置,该点应力在开挖第1步时为36.2 MPa,开挖第2步时为41.3 MPa,开挖第3步时为48.9 MPa,开挖第4步时为37.1 MPa,突出过后的应力为0.6 MPa。在相似材料模型中与该点相对应的应力测点是第一层的A5点,将A5点的试验数据换算为现场数据,利用Matlab的corrcoef相关性命令进行比较分析。结果显示,两组数据变化曲线的相关性系数为0.985 1。

(3) 3#点

该点的坐标为($x=140$,$y=190$),在数值模型封闭型地质构造右上方的尖端位置,该点应力在开挖第1步时为36.1 MPa,开挖第2步时为39 MPa,开挖第3步时为46 MPa,开挖第4步时为50 MPa,突出过后的应力为0.4 MPa。在相似材料模型中与该点相对应的应力测点是第二层第一排的$B_1$14点,将$B_1$14点的试验数据换算为现场数据,利用Matlab的corrcoef相关性命令进行比较分析。计算结果,显示两组数据变化曲线的相关性系数为0.995 6。由数据曲线的相关性分析可知,数值模型和相似材料模型中随机对应点的应力数据变化曲线的相关性好,说明该数值模型可以结合相似模拟分析相关问题。

由图6-2模拟结果可知,开挖第1步[图6-2(a)]时,由于地应力和开挖扰动的影响,因而石门巷道迎头端面前方围岩具有应力升高现象,应力升高的范围最远可达巷道迎头端面前方15 m;同时,在煤岩层交界面及煤岩层与断层面附近也存在明显的应力集中现象。在石门巷道开挖初期,由于封闭型地质构造强度、孔隙率等力学特性明显异于周围环境围岩,附近围岩出现了明显的应力增加现象,形成封闭型地质构造“应力壳”。

经过第2步、第3步的开挖,巷道迎头端面逐渐接近封闭型地质构造及煤层,巷道端面前方围岩的集中应力和封闭型地质构造的应力壳相互叠加[图6-2(b)],煤层和封闭型地质构造的透气性进一步降低,这一阶段可称为突出的准备阶段;继续开挖,巷道迎头端面前方具有保护作用的相对坚硬的围岩逐渐变薄,应力梯度陡增,围岩的抗拉及抗压能力变弱,此时封闭型地质构造已经处于崩解的临界状态[图6-2(c)],这一阶段可称为突出的激发阶段。

若在没有卸“压”(地应力、瓦斯压力)的情况下,继续快速掘进或爆破揭煤,封闭型地质构造带瞬间暴露,所孕育的能量疾速释放,突出发生。首先是质地松软和高聚能的封闭型地质构造发生突出,突出口附近封闭型地质构造应力壳消失,破坏性的应力场向煤岩深部发展[图6-2(d)],突出阵面也随之深移,这一阶段可称为突出的发展阶段。当封闭型地质构造内的巨大瓦斯压能和地应力弹性能释放殆尽后,破坏无法继续,突出终止。突出空洞大致以控制壳为界面,同时向煤层内部延伸,空洞形状一般为“口小腔大”的椭圆形状,其中心线与石门巷道呈一定夹角而倾斜向上发育。

6.2.1.2　声发射场数值模拟分析

在开挖第 1 步[图 6-4(a)]时，石门巷道迎头端面前方围岩内出现了局部单元的微观损伤，且以压破坏为主(破坏点为白色)。在开挖第 3 步和第 4 步时，在高应力和高瓦斯压力的作用下，石门巷道迎头端面附近的围岩内压破坏和拉破坏(破坏点为红色)增加，并在煤层内出现微裂隙[图 6-4(b)和图 6-4(c)]。开挖过程中，压破坏主要是在地应力作用下发生的，而拉破坏的能量主要来自高压瓦斯的膨胀做功。继续开挖时突出发生，封闭型地质构造和煤层相继突出，煤体内部出现了大规模的破坏[图 6-4(d)]。

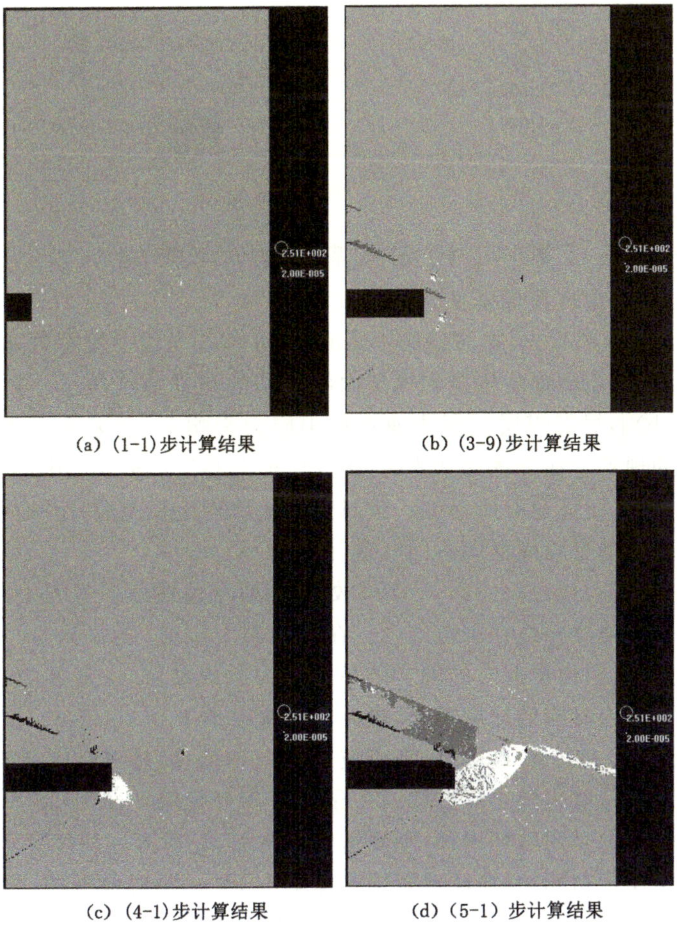

(a) (1-1)步计算结果　(b) (3-9)步计算结果

(c) (4-1)步计算结果　(d) (5-1) 步计算结果

图 6-4　数值模拟的模型声发射场演化

图 6-5 所示为统计的各开挖步煤岩体声发射(破坏释放的能量)柱状图。由图 6-5 可以看出,在开挖第 1 步至第 3 步过程中,各开挖步声发射都比较小,第 4 步开挖中的声发射开始增加,继续开挖,突出发生,煤岩体中所释放的能量陡增,突出过程中所释放的能量为前 4 步开挖过程中围岩破坏所释放能量总和的 5 倍左右。

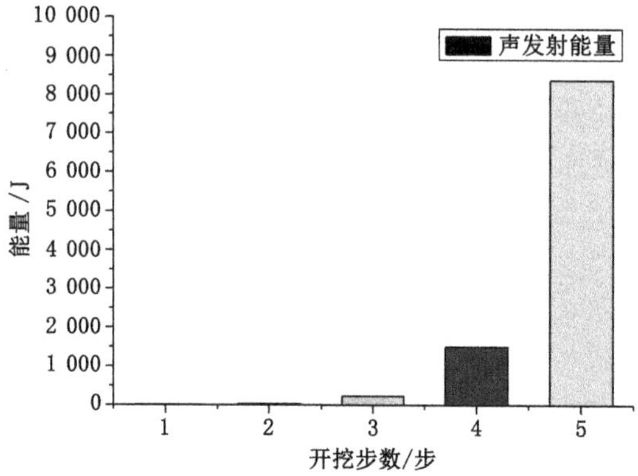

图 6-5　各开挖步中煤岩体破坏所释放的能量

6.2.1.3　瓦斯流场数值模拟分析

由图 6-6 可以看出,在开挖第 1 步时[图 6-6(a)],由于没有贯通煤层和石门巷道的裂隙,封闭型地质构造和煤层内的瓦斯的流动速度很小。在开挖第 2 步时[图 6-6(b)],局部煤层瓦斯流速在集中应力影响下,会因透气性降低而出现略有降低的现象。在开挖第 3 步时[图 6-6(c)],巷道顶板煤层中局部地区卸压,透气性增加,瓦斯流速有所增加。当封闭型地质构造被突然打开时,内部的瓦斯以极高的速度携带碎煤抛向石门巷道[图 6-6(d)]。

图 6-7 反映了点($x=82,y=230$)处的瓦斯流速在开挖过程中的变化趋势,该点在封闭型地质构造控制范围内。在开挖第 1 步时[图 6-6(a)],虽然瓦斯流场平衡被打破,但由于此时的围岩破坏形式为微观破坏,宏观裂隙并不丰富,因而瓦斯在煤体内渗流的速度较小,最大渗流速度小于 0.23 m/s。在开挖第 2 步时[图 6-6(b)],由于应力集中,该点应力进一步增加,透气性有所降低,因而煤体内瓦斯渗流速度也随之降低(0.14 m/s)。在开挖第 3 步时[图 6-6(c)],石门巷道上覆围岩的微观破坏增加,围岩透气性增加,瓦斯流场速度升至 1.06 m/s。待开挖到第 4 步初期,瓦斯流速缓慢增加至 1.15 m/s,继续开挖,封闭型地质构造发生突出[图 6-6(d)],瓦斯流速最大达到 20.2 m/s,与相似模拟中的瓦斯携带煤岩喷出速度相近。这种巨大瓦斯能量在瞬间以如此快的速度释放,所造成的破坏力是极大的。

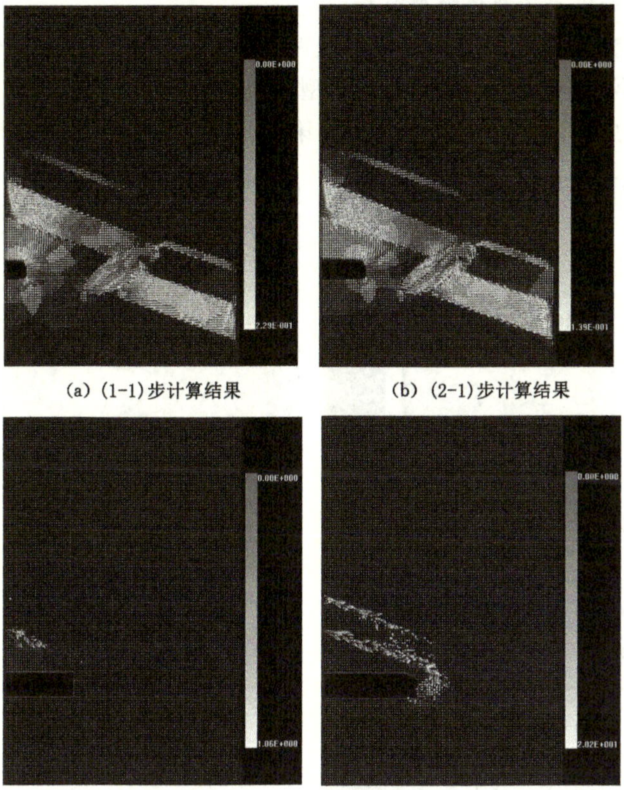

(a) (1-1)步计算结果　(b) (2-1)步计算结果

(c) (3-9)步计算结果　(d) (5-1)步计算结果

图 6-6　数值模拟的模型瓦斯流场演化

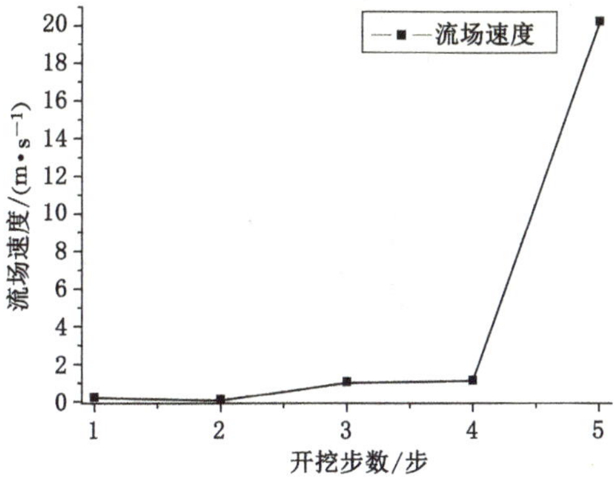

图 6-7　点($x=82, y=230$)处瓦斯流速在开挖过程中的变化曲线

6.2.1.4　瓦斯压力场数值模拟分析

石门开挖过程中封闭型地质构造及两侧煤层瓦斯压力的变化情况如图 6-8 所示。开挖第 1 步时[图 6-8(a)],封闭型地质构造的颜色比周围环境明亮,说明内部瓦斯压力略大(4.0 MPa)。在开挖第 2 步时[图 6-8(b)],由于应力局部集

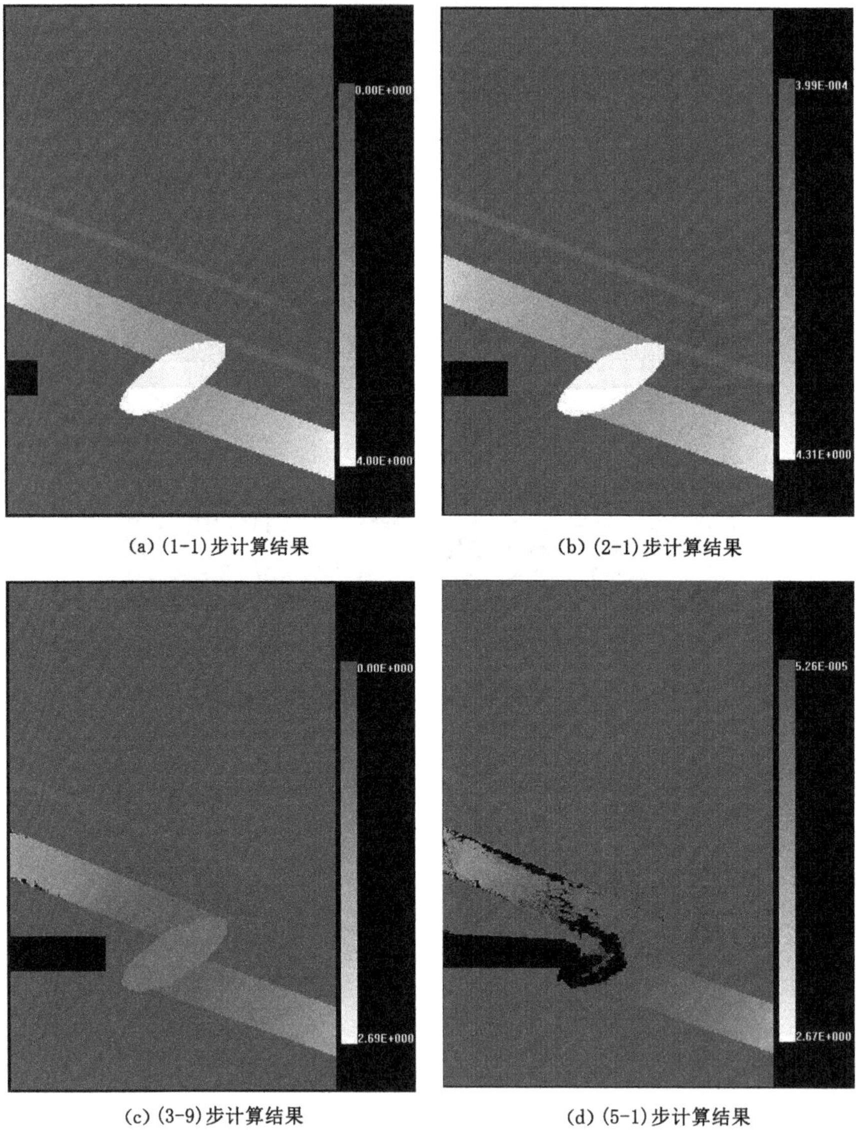

(a) (1-1)步计算结果

(b) (2-1)步计算结果

(c) (3-9)步计算结果

(d) (5-1)步计算结果

图 6-8　数值模拟的模型瓦斯压力场演化

中，封闭型地质构造和两侧煤层局部瓦斯压力有所升高，最大值为 4.31 MPa。在开挖第 3 步时[图 6-8(c)]，模型整体的透气性增加，煤层与封闭型地质构造内的瓦斯压力降低，但由于此时还没有大型裂隙将封闭型地质构造与石门巷道贯通，封闭型地质构造和煤层中的瓦斯压力仍然保持着比较高的值，最大值为 2.69 MPa。在突出发生时[图 6-8(d)]，封闭型地质构造瓦斯压力急剧降低，颜色变暗，但此时稍远煤层中的瓦斯压力仍高达 2.67 MPa，形成高瓦斯压力梯度，这是突出向煤层深部扩展的重要原因。

6.2.2　地应力和煤体强度变化对突出的影响

相似模拟重复性试验所耗费的人力、物力巨大，周期较长。因此，用数值模拟的方法，通过改变边界条件来考察地应力和煤体强度对石门揭含封闭型地质构造突出的影响。

6.2.2.1　地应力降低对突出的影响

力学和渗流参数见表 6-1，仅将地应力载荷取为 350 m 埋深的自重应力值，即 $\sigma_1=\gamma H\approx 9$ MPa。模拟结果显示：在低地应力、高瓦斯压力情况下，突出的强度会有所降低，往往被限制在封闭型地质构造边界范围内(图 6-9)。由此可见，地应力在突出中发挥着非常重要的作用。地应力(包括构造应力)造成了煤体的整体破碎，有利于吸附瓦斯解吸和游离瓦斯做功，往往控制着突出发生的范围和突出的强度，高地应力控制下的突出往往不是一点，而是成片成带发生。

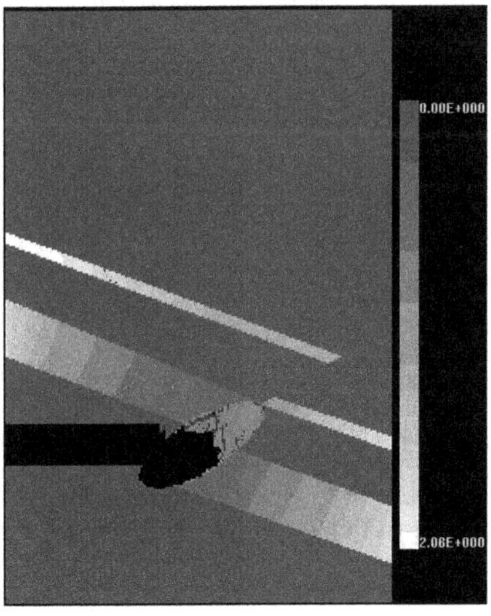

图 6-9　低地应力条件下突出情况

6.2.2.2 封闭型地质构造带强度增加对突出的影响

增加封闭型地质构造带的强度，见表 6-1。由于模型中各处煤岩的结构强度相对均衡，应力集中系数明显减小，同时也很难产生流变。此时，模型中的封闭型地质构造已不再具有所谓“封闭型地质构造”的特性了。在这种条件下，突出往往难以发生，煤体仅受到一定程度的破裂，如图 6-10 所示。

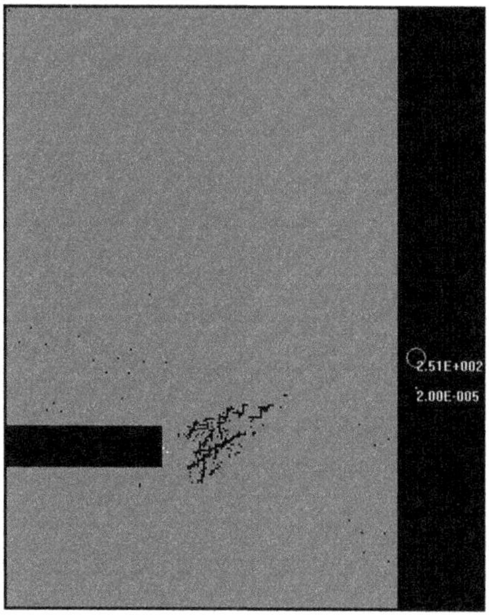

图 6-10 增加构造带强度时突出情况

6.3 本章小结

本章结合相似模拟试验条件，利用 RFPA^{2D} 软件对封闭型地质构造影响下石门揭煤过程中围岩力学特性和突出因素影响进行了数值模拟研究。

① 在石门巷道开挖初期，由于封闭型地质构造带的孔隙率、强度等力学性质差异，其周边围岩存在高应力区，形成了封闭型地质构造应力壳。当石门巷道采动形成的集中应力和封闭型地质构造应力壳交叠时，应力集中现象更加明显，附近围岩的透气性相应会有所降低。此时，封闭型地质构造和煤层局部瓦斯压力有所增加。

② 高地应力具有强大的压性破坏能力，使大块煤体产生分离，为吸附瓦斯解吸与流动提供了空间。正因为如此，瓦斯压力才能充分地发挥作用，使煤块体进一步破碎。在地应力升高区的煤体内，瓦斯压力具有增加趋势，地应力和瓦斯

压力在破坏煤体的作用上是相辅相成的。

③ 在石门巷道开挖过程中，前方围岩内产生压性的和拉性的微破坏。在突出发生以前，这些微破坏过程中释放的能量也较小，突出发生时，由于煤岩体瞬间崩解，所释放的能量会几十倍地增加。

④ 在突出发生时，首先是封闭型地质构造内的瓦斯压力降低，随后才是附近的煤体。也就是说，突出首先是从结构松软、高聚能的封闭型地质构造开始的，然后突出阵面向深部煤层转移。

⑤ 石门巷道开挖初期，由于没有形成贯通裂隙，封闭型地质构造和煤层内的瓦斯的流动速度很小，因而局部煤层瓦斯流速在集中应力影响下还会略有降低。在突出发生后，封闭型地质构造内的瓦斯以很高的速度携带碎煤抛向石门巷道。由于石门巷道开挖过程中，顶板岩层下向位移卸压效应，上方的局部煤层瓦斯流速有所增加，为后期参与突出创造了条件。

⑥ 当地应力和瓦斯压力都较高时，含封闭型地质构造煤层突出强度大；当地应力降低时，突出在封闭型地质构造带发生，突出强度降低；当封闭型地质构造带强度增加时，煤体仅受到一定程度的破裂，不易发生突出。

第 7 章 封闭型地质构造诱发突出实例分析

封闭型地质构造的存在大大增加了突出事故发生的可能性和危险程度，现场不乏因封闭型地质构造诱发的突出事故案例，如大平煤矿“10・20”特大瓦斯爆炸事故、弘霖煤矿“6・27”较大煤与瓦斯突出事故等。本章利用封闭型地质构造诱发突出的模型和机制来分析这些事故的原因，以进一步加深对突出机理的认识。

7.1 大平煤矿“10・20”突出案例分析

2004 年 10 月 20 日，大平煤矿发生一起由岩巷掘进误揭煤层导致的突出事故。突出的瓦斯涌向巷道后遇火花发生爆炸，造成了 148 人死亡、32 人受伤，这也是大平煤矿自投产以来发生的首次突出事故。

7.1.1 矿井基本情况

大平煤矿所属的新密矿区，位于秦岭造山带北缘后陆逆冲推覆构造带渑池—舞阳区段的北东侧。在早中三叠世-中侏罗世时期，新密矿区受到自南西向北东方向的强烈挤压作用；在晚侏罗世-早白垩世、晚白垩世-第三纪时期，因地层的拉伸运动，又形成一系列正断层所夹的地堑、地垒、掀斜构造；在老第三纪始新世—渐新世时期，在拉伸性的构造运动作用下，又形成重力滑动构造，致使煤层进一步剪切破坏。因此，经过不同地质时期内各种构造运动错综复杂的力学作用（挤压、拉伸、升降和剪切），新密矿区构造煤的发育极为复杂[193-195]。

大平煤矿煤层属石炭二叠系，含煤地层厚度为 800 m，其中含煤 37 层，分为 9 组，可开采和局部可开采的煤层共 6 层，总厚度为 12 m 左右，含煤系数为

2.7%，成煤条件好。随着煤层埋藏深度增加，地温升高，煤化作用增强，均为高变质的烟煤(贫煤)，瓦斯生成的条件优越。

在早中三叠世时期，大平煤矿所属的新密矿区，在秦岭造山带隆起造成的强烈推挤作用下，形成了封闭性良好的构造；在晚侏罗世-早白垩世、晚白垩世-第三纪时期的正断层构造拉伸和老第三纪始新世-渐新世时期的重力滑动构造剪切的共同作用下，煤系的覆盖层遭到强烈风化、剥蚀。因此，大平煤矿所处新密矿区上部采区的瓦斯含量较低。

然而，随着新密矿区的多数矿井进入深部开采，可采煤层中的高瓦斯区不断增加。在标高−110 m、垂深 450 m 的浅部，煤层中以低瓦斯区为主，但在垂深 450 m 以上的深部，煤层中的瓦斯压力不断升高，尤其在煤层中的构造挤压带，瓦斯压力上升的速度和幅度都很大。

新密矿区内存在着北东向的向斜和断裂复杂构造，大平煤矿就处在北东向的大冶向斜和落差百米左右的吴庄逆断层、周山逆断层等的控制区域内，因此，构造煤成层发育。煤的破坏类型主要为Ⅳ、Ⅴ类，煤的坚固性系数最小值为 0.12，瓦斯放散初速度大于 30，垂深 612 m(标高−282 m)处的煤层瓦斯压力大于 1.0 MPa，具有突出危险。

7.1.2 突出现场情况

事故发生的地点位于 21 轨道下山巷道迎头端面，标高−282.4 m、垂深 612 m、巷顶距下盘煤层约 5 m。突出煤量 1 362 t、突出岩石量为 532 t，瓦斯总量 25 万 m^3。突出形成了开口宽 2.2 m、高 1.6 m、长 7.3 m 的空洞，空洞位于工作面的中上方，轴线方位为 NW328°，向上的倾角为 43°。

(1) 构造煤发育充分

首先，在早中三叠世-中侏罗世时期的强烈构造挤压、剪切作用下，大平煤矿的煤层结构受到强烈破坏；在晚侏罗世-早白垩世、晚白垩世-第三纪和老第三纪始新世-渐新世时期的滑动构造剪切作用下，使矿井煤层的破坏程度更为严重。因此，大平煤矿二$_1$ 煤层Ⅳ、Ⅴ类构造煤成层发育，煤层松软，煤的坚固性系数仅为 0.12。

(2) 构造应力集中

大平煤矿恰好处在新密矿区北东向的向斜和逆断层发育地段，该地段是一个沿北东向扩展分布的挤压构造带。而发生突出的 21 轨道下山工作面正是位于北东向与北西向构造的复合部位；而且，发生突出的 21 轨道下山迎头，正遇到北西向展布的逆断层(图 7-1)，逆断层造成的煤岩破坏区的周边围岩正是应力重新分布的应力集中带。

(3) 瓦斯封存条件良好

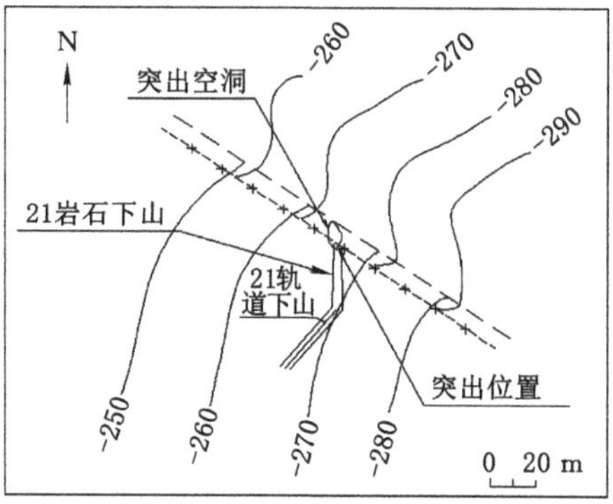

图 7-1 21 轨道下山掘进工作面与断层位置关系[196]

21 轨道下山掘进工作面迎头，所遇到的构造为逆断层，断层面与现代构造应力场主压应力方向垂直，在二$_1$ 煤层内形成的破坏区的受力表现为压扭性，并且靠近 21 轨道下山迎头工作面的破坏区围岩的岩性为泥岩，透气性极低，封闭严密，有利于瓦斯富集。

正是因为上述大平煤矿的地质构造运动特征和矿井瓦斯地质赋存条件，在大平煤矿的二$_1$ 煤中形成了压扭封闭性的破坏带——“封闭型地质构造”，如图 7-2 所示。

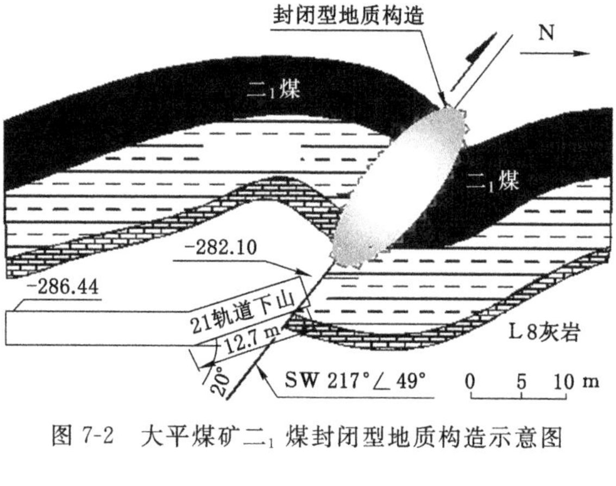

图 7-2 大平煤矿二$_1$ 煤封闭型地质构造示意图

7.1.3 突出原因分析

大平煤矿“10·20”突出事故是一起典型的封闭型地质构造控制下的误揭煤层导致的瓦斯突出。下面结合图 7-3 分析其发生原因以及突出前后地应力、瓦斯应力和弹性能的分布变化。

在压扭性构造应力场作用下，在二$_1$煤层内形成了破坏区，破坏区内部煤层粉化和流变，Ⅳ、Ⅴ类构造煤极为发育，瓦斯含量高，瓦斯潜能大，而围岩承载的应力大，透气性低，所赋存的弹性能高，即存在“封闭型地质构造”。

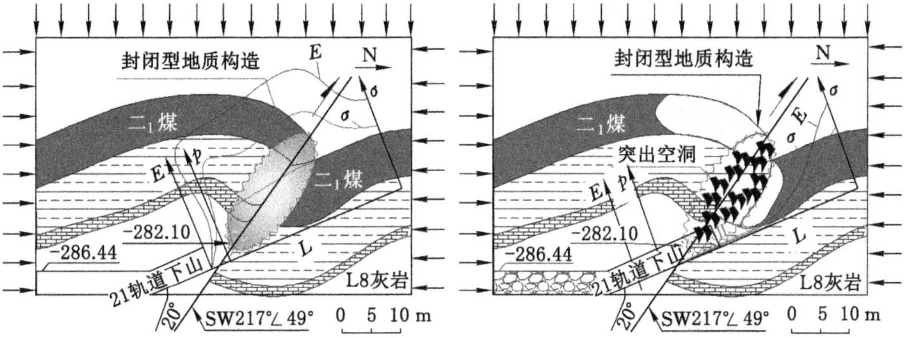

(a) 突出前 (b) 突出后

图 7-3 突出前、后瓦斯应力、围岩地应力和弹性能分布

当 21 轨道下山岩石掘进工作面推进至封闭型地质构造影响区域时，前方围岩内地应力明显升高，瓦斯得以保存，地应力和瓦斯压力梯度大，封闭型地质构造带赋存着大量的弹性能和瓦斯膨胀能，此时前方围岩已处于临界破坏状态[图 7-3(a)]。当工作面突然进入“封闭型地质构造”时，围岩失稳崩解，“封闭型地质构造”能量瞬间释放，导致突出发生。在突出发生后，“封闭型地质构造”影响区域内的瓦斯压力迅速降低，应力基本卸除，所赋存的弹性能也基本释放殆尽，围岩内的瓦斯压力场、地应力场和能量场也向煤层深部转移，突出阵面由封闭型地质构造带向两盘煤层内扩展[图 7-3(b)]。

因此，大平煤矿二$_1$煤的特大型突出与煤层在复杂构造地质条件下形成的“封闭型地质构造”关系密切，“封闭型地质构造”围岩内构造煤发育、瓦斯富集、地应力异常增加和弹性能储集量高是这次突出发生的重要原因。

7.2 弘霖煤矿“6·27”突出案例分析

2023 年 6 月 27 日 19 时 29 分，辽宁阜新弘霖矿业集团有限公司(以下简称弘霖煤矿)北翼采区 N4306 回风平巷发生了一起生产安全事故，造成 7 人死亡、7 人轻伤。突出煤量约 273 t，突出瓦斯量约 8 191 m^3。

7.2.1 矿井基本情况

(1) 概况

弘霖煤矿位于辽宁省阜新市海州区韩家店镇民主村。矿井原为阜新矿务局平安五井的南一采区,平安五井始建于1971年6月,1975年12月投产,设计生产能力0.21 Mt/a。1996年8月,矿井实行了国有民营承包。2003年6月,矿井转制为民营煤矿企业,经技术改造,现核定生产能力为0.45 Mt/a。该矿井田面积为3.312 6 km^2。

弘霖煤矿主采煤层为孙本层、盘下层、中间层、太上层,主采煤层赋存较稳定,煤层厚度变化不大,基本全区可采。岩墙以近东西走向贯穿井田与煤层斜交,岩床由井田东翼侵入,煤层局部受火成岩侵蚀破坏变焦,变焦范围较规律。

矿井为立斜井混合水平大巷开拓方式,地面工业广场有两处,立井工业广场有一对立井,分别为提升井、回风井;斜井工业广场有3条斜井,其中2条为进风井兼做辅助运输井,1条为回风井。生产水平大巷位于标高−400 m,其中标高−400 m水平大巷将立井和斜井连通,形成矿井的运输、提升、通风、行人等生产系统。矿井分为南翼采区和北翼采区。

矿井通风方式为混合式,通风方法为抽出式。南翼安装2台BD-Ⅱ-8-№22型对旋隔爆轴流式主要通风机,电动机功率为2×160 kW,额定风量为40~100 m^3/s;北翼安装2台FBCDZ№22型对旋隔爆轴流式主要通风机,电动机功率为2×280 kW,额定风量为45~115 m^3/s。

矿井在地面安设3台瓦斯抽采泵,2台使用、1台备用。2台使用的抽采泵型号为2BEC67,电动机功率为132 kW,额定抽采流量为87~109 m^3/min;1台备用抽采泵型号为CBF400-2BG3,电动机功率为500 kW,额定抽采流量为425 m^3/min。矿井抽采泵总抽采能力为643 m^3/min。由副斜井从地面至井下铺设1条ϕ426 mm管路到回风总排,井下分支管路为ϕ273 mm和ϕ159 mm。采煤工作面使用上隅角埋管、高位瓦斯抽采巷、高位钻场钻孔等方法抽采瓦斯,使用KJ999X安全监控系统对抽采系统进行自动连续监测。

矿井北翼采区设计N4306工作面。N4306运输平巷巷道总长592 m,均在岩石层中,最低点超深45.5 m。N4306回风平巷掘进工作面位于北翼采区太下层中,设计全长438 m,最低点超深52.6 m。

(2) N4306回风平巷掘进工作面概况

N4306回风平巷掘进工作面位于北翼采区太下层中,煤层厚度为0.6~2.0 m,通过N4306材料道与N3306回风道相连,事故发生时已掘进62 m。N4306回风平巷东侧是N4306运顺材料道,北侧是N4306回顺材料道,西侧和南侧为未采动煤层(图7-4)。对应的地面标高+127~+138 m,工作面迎头标高－570.1 m。该区域太下层走向 NE13°～34°，倾向 SE，煤层倾角为 8°～12°。

掘进工作面局部区域发育火成岩床。掘进工作面水文地质条件简单，正常涌水量 0.2 m^3/h，最大涌水量 0.5 m^3/h。

巷道为梯形断面，中高 3.5 m、宽 4.5 m。支护形式为"锚杆＋锚索＋金属网＋钢筋梯"联合支护，锚杆间排距 800 mm×800 mm，锚索间排距 1 200 mm×1 600 mm。使用综合机械化掘进工艺。

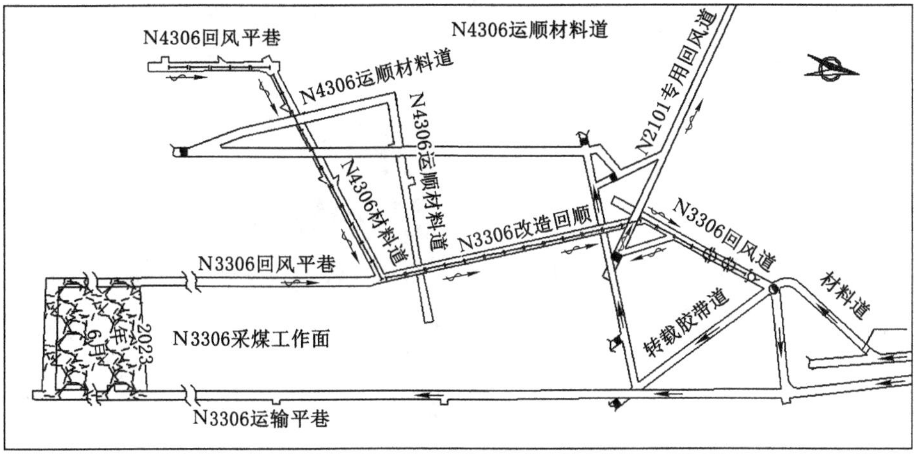

图 7-4　N4306 回风平巷掘进工作面位置及四邻关系

7.2.2　突出现场情况

在突出发生后，碎煤在巷道中的堆积情况如图 7-5 所示。N4306 回风平巷迎头位置几乎被碎粒状煤体填满[图 7-5(a)]，仅在右前方可见顶板与堆积煤体间存在深度 6 m、宽 4 m、高 0.5 m 的空间[图 7-5(b)～图 7-5(d)]。

突出发生后巷道支护破坏情况如图 7-6 所示。围岩和巷道迎头左前方顶板完整、无明显变形，锚杆支护未破坏[图 7-6(a)]；右前方局部伪顶脱落，锚杆外露部分(300～400 mm)呈折弯外翻状态[图 7-6(b)]；迎头后方 15 m 范围内左帮钢筋梯和锚网支护完整，未破坏[图 7-6(c)]；迎头、综掘机右帮钢筋梯向外弯曲，锚网被破坏[图 7-6(d)]。

7.2.3　突出原因分析

(1) 突出直接原因

① N4306 回风平巷掘进工作面超出了井田深度范围 52.6 m，作业期间存在瓦斯涌出量增大、瓦斯超限等现象，煤钻屑瓦斯解吸指标 Δh_2 超标，出现喷孔等突出预兆，表明煤层具有突出危险性。

(a) 迎头几乎被煤体堆满

(b) 迎头右侧顶板与堆积煤体之间

(c) 迎头右侧空间的具体形态

(d) 迎头右侧空间内部形态

图 7-5　突出发生后碎煤在巷道中的堆积情况

② N4306 回风平巷掘进工作面迎头处于岩浆侵入区内，巷道两帮煤层倾角和煤体结构的差异性较大，煤层局部变厚，煤体松软、破碎、焦化，地质构造复杂。

③ 矿井制定的 N4306 回风平巷掘进工作面瓦斯治理措施违反《防治煤与瓦斯突出细则》等相关规定，防突措施钻孔控制范围存在大量盲区，并且未按设计施工。

(2) 地质构造诱因

突出的致灾因素主要包括地应力、瓦斯压力、煤体结构强度。对于前两个因素，应该说，不一定高地应力、高瓦斯就发生突出。准确地讲，高地应力梯度、高瓦斯压力梯度更容易导致突出发生。

对于岩浆侵入型地质构造区，首先会影响煤层赋存状态、破坏煤体的结构，降低煤体强度，更严重的是会形成高地应力梯度 D_s、高瓦斯压力梯度 D_g，形成封闭型地质构造，为突出创造有利条件，如图 7-7 所示。

（a）迎头左侧顶板完整、支护未破坏　　（b）迎头右侧顶板锚杆外翻

（c）掘进机左帮锚网和钢筋梯完整　　（d）掘进机右帮钢筋梯向外侧弯曲

图 7-6　突出发生后巷道支护破坏情况

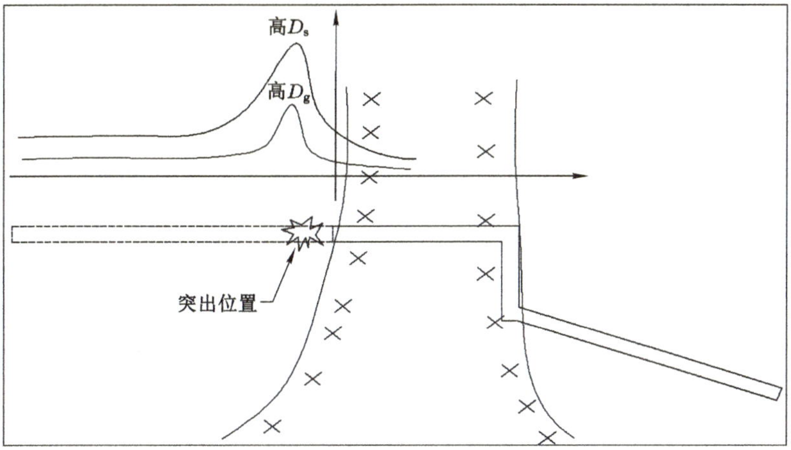

图 7-7　岩浆侵入形成封闭型地质构造

7.3 其他突出案例

1993 年 2 月 21 日，平顶山煤业集团十二矿在掘己 15-16081 开切巷时遇到一条逆断层发生了突出，如图 7-8 所示。突出煤量为 290 t，巷道内煤抛出最远距离达 39 m，其中的 27 m 被突出碎煤堆满，突出过程中涌出大量的瓦斯。

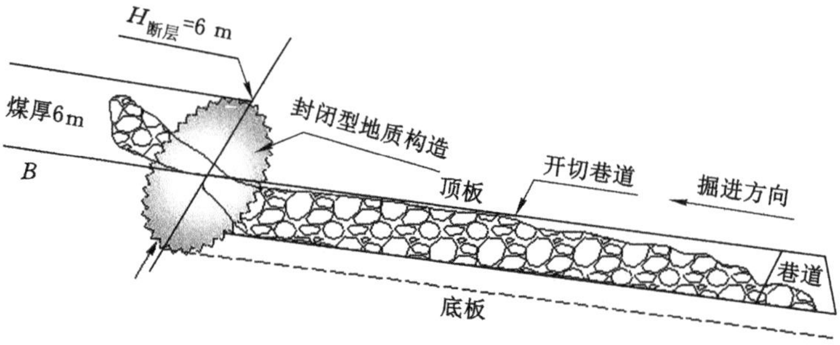

图 7-8　十二矿“2·21”突出剖面示意图[197]

突出地点断层的落差为 6 m，恰好等于该煤层的厚度。这次突出可以说是该公司 1994 年以前全矿井在掘进工作面发生的 52 次突出中最严重的一次，还有一次突出煤量为 450 t，但突出地点在采煤工作面。在该矿己组煤层已发生的 35 次突出中，只有 5 次突出位于此次突出标高(−290 m)以上，而且突出的煤量都很小。能在如此浅的标高发生如此大的突出，显然是受到了“封闭型地质构造”的控制和影响。

此外，1975 年 8 月 8 日四川天府三汇坝一矿的石门揭煤突出、中梁山煤矿南井石门揭煤的 5 次大突出、安阳矿务局龙山矿最大的 2 次近千吨突出也同样是受到了“封闭型地质构造”的控制和影响。由此可见，“封闭型地质构造”在瓦斯地质赋存复杂地带是客观存在的，而且含封闭型地质构造煤层的突出是构造煤发育、高地应力、高瓦斯压力的“封闭型地质构造”被突然打开造成的。

由以上突出实例分析可知，在石门揭含“封闭型地质构造”突出煤层过程中，及时抽采煤层瓦斯，使煤层瓦斯通过安全的方式释放，避免在遇到围岩异常坚硬且透气性低的情况下采取突然暴露煤体的方式(如爆破)揭煤，是预防复杂地质构造条件下石门揭煤突出的有效手段。

7.4 本章小结

本章主要结合石门揭含“封闭型地质构造”突出煤层模型，对突出实例进行了初步分析，得出以下结论：

① 大平煤矿“10・20”、弘霖煤矿“6・27”等突出事故受到了“封闭型地质构造”的影响和控制，突出的发生是煤层中的“封闭型地质构造”被突然打开造成的。

② 在石门揭含“封闭型地质构造”突出煤层过程中，高地应力梯度、高瓦斯压力梯度和低煤体强度是突出发生的关键因素。

③ 及时抽采煤层瓦斯，使煤层瓦斯通过安全的方式释放，在封闭型地质构造带避免在遇到围岩异常坚硬且透气性低的情况下，采取突然暴露煤体的方式（如爆破）揭煤，是预防复杂地质构造条件下石门揭煤突出的有效手段。

第 8 章 结论及展望

8.1 结论

本书在基于细观统计损伤力学、煤层瓦斯渗流力学、岩石力学和计算力学等相关基础理论，针对封闭型地质构造诱发突出问题，开展了一系列深入的研究。同时，本书建立了封闭型地质构造的概念，构建了石门揭含封闭型地质构造煤层突出物理模型，开展了有关石门揭含封闭型地质构造煤层突出的相似模拟试验和数值模拟研究，最后结合现场案例对突出发生原因进行了分析。

8.1.1 建立了封闭型地质构造的概念，描述了其主要特征

(1) 封闭型地质构造的概念

① 地质构造运动在煤田范围内可能形成褶皱、断层、煤层变厚或分叉、大型裂隙等各种构造形态，在这些构造附近的煤体，受到构造应力剪切、挤压、拉伸和揉搓等作用，形成不同类型的地质构造断裂区，如孔洞、裂隙、松软体等。

② 根据煤层中地质构造破断区的受力、瓦斯和结构等要素特征进行分类，如果破断区的边界所受应力以压性为主，内部瓦斯富集，称为封闭型地质构造；反之，称为开放型地质构造。

(2) 封闭型地质构造的特征

① 边界围岩受力以压应力为主，煤(岩)的硬度较高，透气性很低，是高压瓦斯的封闭圈。

② 内部煤(岩)体破碎程度高，煤(岩)曾处于构造运动活动带，煤(岩)体被高度剪切和揉搓，是构造煤的发育区。

③ 内部游离瓦斯富集，煤(岩)破碎严重，孔裂隙发育，是游离瓦斯储集的良好场所。即使在采动的扰动下，也难以向工作面空间渗流和流动，高承压瓦斯

富集。

8.1.2　搭建了业内大型石门揭煤突出模拟试验台

① 所搭建的石门揭煤突出模拟试验台包括材料封装系统（试验箱体）、力学加载系统、充气系统和数据采集系统。

② 大尺寸试验箱为在材料内设置地质构造带以及多层位铺设应力应变、位移和温度等元件提供了条件，实现了石门巷道逐步开挖下动态获取模型中相关参量的数据变化。同时，大型尺寸模型也为开挖扰动区域煤岩体三维受力提供了客观条件。

8.1.3　测试了石门巷道开挖过程中围岩应力变化和变形规律

（1）封闭型地质构造影响外的区域

巷道开挖过程中其端面前方围岩存在卸压区和应力升高区，但应力集中系数相对较小，不超过 1.17，该区域内围岩的应力变化仅与开挖扰动有关。

（2）受到封闭型地质构造影响的区域

该区域内煤岩体的初始应力大，采动应力和构造应力产生叠加增强效应，应力集中系数可高达 2.18。当开挖至封闭型地质构造附近时，其边界围岩卸压特性不明显，仍保持着较高的应力值，造成了高应力梯度，为突出的发生提供了良好的地应力条件。封闭型地质构造影响区外开挖时，石门巷道两侧围岩的卸压程度要大于顶板上方围岩，表现为两侧帮横向变形量明显大于顶板的垂向变形量。开挖至封闭型地质构造附近时，围岩的位移量较小，突出发生后围岩位移量突增，突出空洞在突出终止以后有所缩小。

8.1.4　揭示了石门巷道开挖过程中煤层瓦斯和温度的变化规律

（1）瓦斯运移及瓦斯压力变化

在石门巷道正常开挖过程中，由于没有与煤层形成宏观的贯通裂隙，巷道前方封闭型地质构造和煤层内的瓦斯的流动速度较小，保持着较高的瓦斯压力，巷道上方局部煤层瓦斯因巷道开挖卸压效应产生了渗流活跃现象，为突出的发生和突出区域发展提供了良好的瓦斯条件；突出发生后，封闭型地质构造内瓦斯压力急速下降，两侧煤层有所滞后。

（2）区域煤层温度变化特征

在往模型中充入瓦斯过程中，封闭型地质构造温度上升的速率和幅度均大于两侧煤层；在突出发生期间，封闭型地质构造温度迅速大幅度下降至零摄氏度以下，而两侧煤层有所滞后，且下降幅度相对较小，保持在室温以上；在突出终止后，温度均又缓慢恢复到室温以上。

8.1.5 分析了石门揭含封闭型地质构造煤层突出的影响要素

① 高地应力高瓦斯条件下,围岩应力集中区的范围大,煤层整体破坏度高,揭煤突出危险性高,突出强度大。地应力对突出起间接作用,但是造成的突出可以是大范围的。

② 低地应力高瓦斯条件下,围岩应力集中区的范围减小,煤层整体破坏度低,突出强度小。瓦斯压力对突出起直接作用,但造成的突出可能是小范围的。

③ 增加封闭型地质构造强度,突出发生的可能性大大降低,往往仅发生煤体破裂。煤的结构和强度对突出起阻碍作用,其影响往往是关键性的。

8.1.6 阐述了石门揭含封闭型地质构造煤层的突出机理

① 构造煤发育的封闭型地质构造内部存在着较高的弹性潜能和瓦斯膨胀能,突出动力大、阻力小,为突出创造了必要条件。

② 当石门揭煤巷道接近封闭型地质构造时,前方围岩卸压特性不明显,围岩地应力梯度和瓦斯压力梯度异常增加,在巨大弹性潜能和瓦斯膨胀能未被释放的条件下,突然打开封闭型地质构造则极易造成突出发生。

③ 突出首先在结构松软、高聚能的封闭型地质构造发生,致使该区域地应力和瓦斯压力急剧降低,瓦斯压力场、地应力场和能量场向两侧煤层深部转移,突出阵面向两盘煤层内扩展。当煤层中的弹性潜能和瓦斯膨胀能不足以维持煤体破坏和抛出时,突出终止。

8.2 展望

近200年来,国内外学者对突出发生机理进行了大量的研究,特别是近几十年来取得了很多新进展。然而,由于突出的影响因素多、机理复杂、难以直接开展现场试验,因而目前人们对突出的研究仍处于定性或半定量的阶段。最近几年,我国煤矿突出事故仍时有发生,有关突出机理的研究工作仍然任重而道远。在当前我国煤炭开采新形势下,笔者根据自己多年的研究对今后的主要工作和方向提出一些建议和思考,以供同行研究人员借鉴参考。

8.2.1 建立完善的大型三维突出模拟系统平台

建立大型三维突出模拟系统需要花费大量的人力和财物,需要结合当前突出模拟理论和技术发展形势,确定研究目标,进而设计科学合理的整体方案,包括选择合适的相似材料,确定合理的模型,确保加载充气保压条件等。根据设计方案需求，研发和构建具有足够的精度、稳定性的试验装置，包括加载系统、试件箱体、巷道系统、控制与数据采集系统等。试验装置构建完成后，需要通过一系列的试验来验证突出模拟系统的合理性和可靠性，并根据测试结果对试验系统进行调整和优化。在上述工作的基础上，可进一步完善试验系统的功能，包括增加新的测试模块、提高数据采集和处理能力等，试验系统应具有良好的扩展性和可维护性，以便在未来研究和应用中持续升级和完善。需要指出的是，未来在建立大型三维突出模拟系统的过程中，应加强与其他研究机构和企业的合作与交流，形成突出模拟试验研究集群平台，促进资源共享和协同研发，提高研究工作效率和质量。

8.2.2　提升突出模拟试验理论和技术的精细化水平

目前的突出模拟试验研究成果基本还是定性分析结果，由定性到半定量再到定量研究是未来发展的方向。首先要进一步发展突出相似模拟试验的相似理论，只有在保证模型与原型几何学相似、运动学相似、动力学相似等基础上，方能实现试验结果更接近现场现象。其次在模型尺寸上，考虑突出是一种复杂的大规模含瓦斯煤岩参与的动力现象，要优先选择大规模模型开展试验，因为小模型存在明显的边界效应影响，无法合理布置测试探头，即使采用多维加载也难以实现与现场类似的力学环境。再者在模型材料上，选择型煤还是原煤不是最主要的，关键是模型材料的物理力学参数要与原煤相似，目前突出试验采用的型煤煤样大多只能做到力学强度相似，而难以实现煤的孔隙结构和吸附解吸特性的良好相似，大大影响了突出发展真实过程的模拟效果，有关型煤煤样的孔隙微观调控和测试技术将是未来发展的方向。另外，在试验气体类型上，目前突出模拟试验所采用的气体往往是 CO_2，考虑安全问题是非常必要的，然而由于煤对 CH_4 和 CO_2 的吸附解吸能力具有明显差异，同时吸附两种气体后的煤体膨胀能也相差较大，因而可以考虑将 CO_2 与其他气体进行合理调配，使得调配后的气体与 CH_4 在吸附解吸特性上相似，这一点可以作为未来试验气体应用方面的有趣探索。同时，可以在宏观突出试验获得的各关键参量动态规律的基础上，借助核磁共振、扫描电镜、CT 等先进手段，对特定区域煤体裂纹扩展规律、微观孔隙破坏特征、瓦斯吸附运移进行微观分析，深入揭示突出的孕育过程，以弥补宏观突出试验的不足。

8.2.3　研发全过程可视化的突出试验系统

全过程主要包括 3 个方面：一是巷道或工作面逐步推进时突出的孕育过程；二是突出发生和发展过程；三是突出抛出介质在巷道中的运动过程。未来研发的全过程突出实验系统应当能够测定采掘影响下前方不同区域煤岩应力、位移和瓦斯压力的微小变化，且可以测定突出发生发展期间煤体破裂速度、瓦斯压力和温度的变化，以及巷道中粉煤瓦斯流的运动参数变化，从而实现对突出全过程关键物理信息的全面精细掌握。可视化包括试验模型可视化和巷道系统可视化，巷道系统可视化比较容易实现，可以采用透明而坚固的材料进行构建。而试验模型的可视化是一个挑战性难题，可以借助高强度的航空航天材料与透明材料加以组装，也可以借助太赫兹穿墙技术对试验模型内部的隐蔽状态进行透视和观测。因此，未来研发出完善的全过程可视化的突出试验系统，就可以实现肉眼观察和视频记录突出现象的动态演化，对验证突出理论研究成果和反演突出现场情况具有积极意义，也会促进突出定量化研究的发展进程。

8.2.4 开展不同类型工作面突出模拟试验研究

掘进工作面和采煤工作面发生突出的环境和主导因素是不尽相同的，在突出模拟试验方案设计上也有很大差异。现有的突出模拟试验大都采用的是掘进巷道揭煤或者将煤体突然暴露的模型，很少有人针对采煤工作面开展突出模拟试验。对于掘进工作面，由于是新开采区域，瓦斯地质条件、地应力状态掌握得不够全面，增加了突出发生的不确定性，加之掘进工作面空间狭窄，逃生通道少，突出危害程度较大。对于采煤工作面，尽管瓦斯地质条件相对明确，但也可能受到回采过程中地应力重新分布、采空区顶板断裂扰动、临近采空区应力转移、大面积暴露的地质构造活化等额外因素的影响，也可能发生严重的突出。因此，掘进工作面突出更多地受到了原有局部地点瓦斯地质环境的影响，主导因素往往是瓦斯压力和煤体本身结构强度，而采煤工作面突出则更多地受到了大范围采动的影响，主导因素往往是重新分布的地应力和煤体空间结构失稳。未来可考虑工作面煤壁截割、采空区顶板断裂、临近采空区应力等因素，建立包含工作面煤层、巷道、煤柱和临近采空区的系统性模型，开展工作面回采期间突出模拟试验研究。

8.2.5 进一步推动突出数值模拟软件的研发并国产化

研究突出的另外一个途径是利用数值软件进行模拟分析，借助数值软件可构建大型而复杂的模型，开展多次性建模分析，可与突出物理模拟试验相互弥补，互相印证。当前，国内外可用于突出数值模拟的商业化软件有很多，如ABAQUS、FLAC、COMSOL 等有限元软件，还有如 RFPA、PFC、UDEC 等离散元软件，但是除 RFPA 外均没有包含突出模拟的专有模块，需要二次开发程序代码，增加了使用难度，也可能会影响模拟效果。突出是一种多场力学作用下固-气耦合过程，涉及突出发生前的应力扰动下煤体变形和破坏、瓦斯吸附解吸过程中瓦斯压力演变、瓦斯运移和瓦斯压力激化等，以及突出发生后的煤颗粒碰撞摩擦、碎煤瓦斯两相流冲击传播等，需要建立多个本构方程才能相对准确地模拟再现整个突出过程。我国是当今世界上的产煤大国，也是突出发生最严重的国家，未来亟须自行开发一套能对整个突出过程进行模拟分析的数值软件，实现对突出孕育、发生、发展和传播过程的宏观现象和微细观规律的反演分析。

参考文献

[1] KRAVCHENKO V S. On the nature and mechanism of sudden outbursts of gas and coal[J]. Izvestiia akademii nauk SSSR, otdelenie tekhnicheskikh nauk,1955,6:101-108.

[2] BOTHAM J G. Association of gases with coal laboratory outburst tests on solid coal specimens [R]. Ottawa: Department of Mines & Technical Surveys, Mines Branch, Fuel Division Technical Memorandum, 1957: 1-23.

[3] YARTSEV V A. Crushing of coal in sudden drop of gas pressure[J]. Ugol,1958,5:35-36.

[4] KUROIWA T,TASHIRO T. Experimental study on coal pulverization and gas emission in a moment of outbursts of gas and coal[J]. Journal of the mining and metallurgical institute of Japan,1960,76(862):227-232.

[5] BODZIONY J, NELICKI A, PINDEL Z, et al. Laboratory trial of inducing a quasi-outburst[C]. Proceedings of the 12th conference on tendencies in gas and rock outburst hazard prevention in underground mines, Nowa Ruda, Radków,1988:7-22.

[6] BODZIONY J, NELICKI A, TOPOLNICKI J. Results of laboratory investigations of gas and coal outbursts[J]. Archives of mining sciences, 1989,94(3):581-591.

[7] BODZIONY J, NELICKI A, TOPOLNICKI J. Investigations of experimental generation of gas and coal outbursts[C]//LITWINISZYN J. Strata as Multiphase Medium-Rock and Gas Outbursts. Radków: Wydawnictwo AGH,1990:489-508.

[8] KHRISTIANOVICH S A. On the outburst wave[J]. Izvestiia akademii

nauk SSSR, otdelenie tekhnicheskikh nauk,1953,12:1679-1688.
[9] KHRISTIANOVICH S A. On the crushing wave[J]. Izvestiia akademii nauk SSSR, otdelenie tekhnicheskikh nauk,1953,12:1689-1699.
[10] NELICKI A, TOPOLNICKI J. Experimental stand for the investigation of outbursts of porous materials saturated with gas[J]. Archives of mining sciences,1994,39(3):301-311.
[11] TOPOLNICKI J. Energy balance in an outburst[C]//LAMA R D. International symposium-cum-workshop on management and control of high gas emissions and outbursts in underground coal mines. Wollongong, NSW, Australia, March 20-24,1995:67-74.
[12] UJIHIRA M, ISOBE T, HIGUCHI K. On the flaking-destructive phenomena of porous material induced by involved high pressure gas[J]. Journal of the mining and metallurgical institute of Japan, 1984, 100(1153):225-232.
[13] UJIHIRA M,ISOBE T,HIGUCHI K. On the process of destruction of porous material in which high pressure gas is involved[J]. Journal of the mining and metallurgical institute of Japan,1984,100(1155):397-403.
[14] UJIHIRA M,ISOBE T,HIGUCHI K. The relation between gas pressure and stress distribution in the vicinity of the exposed surface of porous materials[J]. Journal of the mining and metallurgical institute of Japan, 1985,101(1167):283-288.
[15] UJIHIRA M, HIGUCHI K, NABEYA H. Scale model studies and theoretical considerations on the mechanism of coal and gas outbursts [C]. Proceedings of the 21st international conference of safety in mines research institutes, Sydney,1985:121-127.
[16] FAMIN L B. Instantaneous outbursts of coal and gas in a laboratory experiment[C]. Proceedings Conference Problems of Mine Ventilation, Mining Institute of the Academy of Sciences of the USSR. 1959:219-224.
[17] ALEKSEEV A D,NEDODAYEV N V,STARIKOV G P. Destruction of coal saturated with gas under triaxial stress field on destressing:Modeling of outbursts of coal and gas[J]. Institute problem mekhaniki AN USSR (pre-print),1980,139:30.
[18] MULLER W,MEINER S H. Occurrence of rock bursts and outbursts [C]. 24th International conference of safety in mines research institutes,

Donetsk,Ukraine,1991:377-390.

[19] 邓全封,栾永祥,王佑安.煤与瓦斯突出模拟试验[J].煤矿安全,1989,20(11):5-10.

[20] HE X Q, ZHOU S N. Rheological hypothesis of coal and gas outburst mechanism[J]. Journal of China university of mining & technology,1994,4(1):15-23.

[21] 蒋承林,俞启香.煤与瓦斯突出机理的球壳失稳假说[J].煤矿安全,1995,26(2):17-25.

[22] 孟祥跃,丁雁生,陈力,等.煤与瓦斯突出的二维模拟实验研究[J].煤炭学报,1996,21(1):57-62.

[23] 郭立稳,俞启香,蒋承林,等.煤与瓦斯突出过程中温度变化的实验研究[J].岩石力学与工程学报,2000,19(3):366-368.

[24] 牛国庆,颜爱华,刘明举.煤与瓦斯突出过程中温度变化的实验研究[J].湘潭矿业学院学报,2002,17(4):20-23.

[25] 蔡成功.煤与瓦斯突出三维模拟实验研究[J].煤炭学报,2004,29(1):66-69.

[26] 张春华.石门揭突出煤层围岩力学特性模拟试验研究[D].淮南:安徽理工大学,2010.

[27] TU Q Y,CHENG Y P,GUO P K,et al. Experimental study of coal and gas outbursts related to gas-enriched areas[J]. Rock mechanics and rock engineering,2016,49(9):3769-3781.

[28] GUO B H,LI Y Z,JIAO F,et al. Experimental study on coal and gas outburst and the variation characteristics of gas pressure[J]. Geomechanics and geophysics for geo-energy and geo-resources,2018,4(4):355-368.

[29] CAO J,SUN H T,WANG B,et al. A novel large-scale three-dimensional apparatus to study mechanisms of coal and gas outburst[J]. International journal of rock mechanics and mining sciences,2019,118:52-62.

[30] 曹偈,赵旭生,刘延保.煤与瓦斯突出多物理场分布特征的数值模拟研究[J].矿业安全与环保,2021,48(2):7-11.

[31] 袁亮,薛阳,王汉鹏,等.煤与瓦斯突出物理模拟试验研究新进展[J].隧道与地下工程灾害防治,2020,2(1):1-10.

[32] 许江,杨孝波,周斌,等.突出过程中煤层瓦斯压力与温度演化规律研究[J].中国矿业大学学报,2019,48(6):1177-1187.

[33] 周斌.气-固耦合作用下煤与瓦斯突出多物理场参数演化及其两相流动态

响应[D]. 重庆：重庆大学，2021.
[34] 许江，魏仁忠，程亮，等. 煤与瓦斯突出流体多物理参数动态响应试验研究[J]. 煤炭科学技术，2022，50(1)：159-168.
[35] KHODOT V V，KOGAN G L. Modeling gas bursts[J]. Soviet mining science，1979，15(5)：491-494.
[36] LITWINISZYN J. A model for the initiation of coal-gas outbursts[J]. International journal of rock mechanics and mining sciences & geomechanics Abstracts，1985，22(1)：39-46.
[37] PATERSON L. A model for outbursts in coal[J]. International journal of rock mechanics and mining sciences & geomechanics abstracts，1986，23(4)：327-332.
[38] CHOI X，WOLD M. Study of the mechanisms of coal and gas outbursts using a new numerical modeling approach[C]//AZIZ N，KININMONTH B. Proceedings of the 2004 Coal Operators' Conference，Mining Engineering. University of Wollongong，Australia，February 4-6，2004：181-194.
[39] LAMA R D. Safe gas content threshold value for safety against outbursts in the mining of the Bulli seam[C]. International symposium-cum-workshop on management and control of high gas emissions and outbursts in underground coal mines，Wollongong，Australia，March 20-24，1995：175-189.
[40] 魏晓林. 煤层瓦斯流动规律的实验和数值方法的研究[J]. 粤煤科技，1981(2)：35-41.
[41] 李英俊，赵均. 煤层瓦斯压力分布的研究[J]. 煤矿安全，1980，11(5)：6-11.
[42] YU C X，XIAN X F. Analysis of gas seepage flow in coal beds with finite element method[C]. Symposium of 7th international conference of FEM in flow problem，Huntsvil，USA，1989.
[43] YU C X，XIAN X F. A boundary element method for inhomogeneous medium problems[C]. The second world congress on computational mechanics，Stuttgart，FRG，August 27-31，1990.
[44] 周世宁，孙辑正. 煤层瓦斯流动理论及其应用[J]. 煤炭学报，1965，2(1)：24-36.
[45] 周世宁，林柏泉. 煤层瓦斯赋存及流动规律[M]. 北京：煤炭工业出版社，1998.

[46] 郑哲敏.从数量级和量纲分析看煤与瓦斯突出的机理[C]//中国科学院力学研究所.郑哲敏文集.北京:中国科学院力学研究所,2004.
[47] 方健之,俞善炳,谈庆明.煤与瓦斯突出的层裂-粉碎模型[J].煤炭学报,1995,20(2):149-153.
[48] 何学秋.含瓦斯煤岩流变动力学[M].徐州:中国矿业大学出版社,1995.
[49] 裴图霍夫 И М.预防冲击地压的理论与实践[C]//煤炭工业部安全监察局.第二十二届国际采矿安全会议论文集.北京:煤炭工业出版社,1987.
[50] 章梦涛,徐曾和,潘一山,等.冲击地压和突出的统一失稳理论[J].煤炭学报,1991,16(4):48-53.
[51] 赵阳升.煤体-瓦斯耦合数学模型及数值解法[J].岩石力学与工程学报,1994,13(3):229-239.
[52] 赵阳升,胡耀青,赵宝虎,等.块裂介质岩体变形与气体渗流的耦合数学模型及其应用[J].煤炭学报,2003,28(1):41-45.
[53] 梁冰.煤和瓦斯突出固流耦合失稳理论[M].北京:地质出版社,2000.
[54] ZHAO G J, FAN Z F. Biphasic model and finite element analysis of coal-methane outburst[J]. Computational mechanics: Proceedings of the Asia-Pacific conference on computational mechanics,1991,2:1577-1582.
[55] 赵国景,步道远.煤与瓦斯突出的固-流两相介质力学理论及数值分析[J].工程力学,1995,12(2):1-7.
[56] 丁继辉,麻玉鹏,赵国景,等.煤与瓦斯突出的固-流耦合失稳理论及数值分析[J].工程力学,1999,16(4):47-53.
[57] 孙培德.Sun模型及其应用:煤层气越流固气耦合模型及可视化模拟[M].杭州:浙江大学出版社,2002:37-57.
[58] VALLIAPPAN S, ZHANG W H. Numerical modelling of methane gas migration in dry coal seams[J]. International journal for numerical and analytical methods in geomechanics,1996,20(8):571-593.
[59] DZIURZYŃSKI W,KRACH A. Mathematical model of methane caused by a collapse of rock mass crump[J]. Archives of mining sciences,2001,46:433-449.
[60] PRICE H S, MCULLOCH R C, EDWARDS J C, et al. Computer model study of methane migration in coal beds[J]. Canadian mining and metallurgical bulletin,1973,66(737):103-112.
[61] ZHAO C B, VALLIAPPAN S. Finite element modelling of methane gas migration in coal seams[J]. Computers & structures, 1995, 55(4):

625-629.

[62] 张我华. 煤/瓦斯突出过程中煤介质局部化破坏的损伤机理[J]. 岩土工程学报,1999,21(6):731-736.

[63] 唐春安,刘红元. 石门揭煤突出过程的数值模拟研究[J]. 岩石力学与工程学报,2002,21(10):1467-1472.

[64] 徐涛,唐春安,杨天鸿. 含瓦斯煤岩破裂过程与突出机理:理论、模型与数值试验[M]. 北京:煤炭工业出版社,2009.

[65] AN F H,CHENG Y P,WANG L,et al. A numerical model for outburst including the effect of adsorbed gas on coal deformation and mechanical properties[J]. Computers and geotechnics,2013,54:222-231.

[66] AN F H,YUAN Y,CHEN X J,et al. Expansion energy of coal gas for the initiation of coal and gas outbursts[J]. Fuel,2019,235:551-557.

[67] YANG W,LU C Z,LIN B Q,et al. Tunnelling outburst potential affected by mechanical properties of coal seam[J]. Tunnelling and underground space technology,2019,83:99-112.

[68] ZHOU A T,HU J Y,GONG W L,et al. The instability criticality and safety factor of coal-gas outburst induced by shear failure based on limit analysis[J]. Fuel,2021,303:121245.

[69] 左文哲,谯永刚,华杰,等. 煤与瓦斯突出冲击气流数值模拟研究[J]. 煤矿安全,2024,55(2):55-61.

[70] TAYLOR T J. Proofs of subsistence of the firedamp at coal mines in a state of high tension in situ[J]. North of England institute of mining engineers transactions,1853,1:275-299.

[71] SHEPHERD J,RIXON L K,GRIFFITHS L. Outbursts and geological structures in coal mines: a review[J]. International journal of rock mechanics and mining sciences and geomechanics abstracts,1981,18(4):267-283.

[72] LAMA R D,BODZIONY J. Management of outburst in underground coal mines[J]. International journal of coal geology, 1998, 35(1/2/3/4):83-115.

[73] FARMER I W,POOLEY F D. A hypothesis to explain the occurrence of outbursts in coal,based on a study of West Wales outburst coal[J]. International journal of rock mechanics and mining sciences & geomechanics abstracts,1967,4(2):189-193.

[74] WILLIAMS R J, WEISSMAN J J. Gas emission and outburst assessment in mixed CO_2 and CH_4 environments[C]. Proceedings of the ACIRL underground mining seminar, Australian Coal Industry Research Laboratories, North Ryde, Australia, 1995: 1-13.

[75] FRODSHAM K, GAYER R A. Variscan compressional structures within the main productive coal-bearing strata of South Wales[J]. Journal of the geological society, 1997, 154(2): 195-208.

[76] FRODSHAM K, GAYER R A. The impact of tectonic deformation upon coal seams in the South Wales Coalfield, UK[J]. International journal of coal geology, 1999, 38(3/4): 297-332.

[77] KARACAN CÖ, ULERY J P, GOODMAN G V R. A numerical evaluation on the effects of impermeable faults on degasification efficiency and methane emissions during underground coal mining[J]. International journal of coal geology, 2008, 75(4): 195-203.

[78] FLORES R M, RICE C A, STRICKER G D, et al. Methanogenic pathways of coal-bed gas in the Powder River Basin, United States: the geologic factor[J]. International journal of coal geology, 2008, 76(1/2): 52-75.

[79] KEDZIOR S, KOTARBA M J, PEKAŁA Z. Geology, spatial distribution of methane content and origin of coalbed gases in Upper Carboniferous (Upper Mississippian and Pennsylvanian) strata in the south-eastern part of the Upper Silesian Coal Basin, Poland[J]. International journal of coal geology, 2013, 105: 24-35.

[80] ALSAAB D, ELIE M, IZART A, et al. Distribution of thermogenic methane in Carboniferous coal seams of the Donets Basin (Ukraine): "Applications to exploitation of methane and forecast of mining hazards" [J]. International journal of coal geology, 2009, 78(1): 27-37.

[81] HATHERLY P. Overview on the application of geophysics in coal mining [J]. International journal of coal geology, 2013, 114: 74-84.

[82] 张子敏，张玉贵. 三级瓦斯地质图与瓦斯治理[J]. 煤炭学报，2005，30(4)：455-458.

[83] 张子敏，吴吟. 中国煤矿瓦斯赋存构造逐级控制规律与分区划分[J]. 地学前缘，2013，20(2)：237-241.

[84] 郭德勇，韩德馨. 地质构造控制煤和瓦斯突出作用类型研究[J]. 煤炭学报，1998，23(4)：3-7.

[85] 郭德勇,韩德馨,杨陆武.构造几何特征及煤与瓦斯突出危险性研究[J].煤矿安全,1996,27(5):6-9.

[86] 郭德勇,韩德馨,王新义.煤与瓦斯突出的构造物理环境及其应用[J].北京科技大学学报,2002,24(6):581-584.

[87] 闫江伟,张小兵,张子敏.煤与瓦斯突出地质控制机理探讨[J].煤炭学报,2013,38(7):1174-1178.

[88] 张宏伟.活动断裂研究与矿井动力现象预测[J].煤炭学报,1998,23(2):3-8.

[89] 张宏伟.地质动力区划方法在煤与瓦斯突出区域预测中的应用[J].岩石力学与工程学报,2003,22(4):621-624.

[90] 张春华,刘泽功,刘健,等.封闭型地质构造诱发煤与瓦斯突出的力学特性模拟试验[J]. 中国矿业大学学报,2013,42(4):554-559.

[91] 王道成.煤与瓦斯突出的地质构造影响因素研究[J].煤炭工程,2007,39(10):78-79.

[92] 梁金火.矿区地质构造对煤与瓦斯突出地段的控制[J].中国煤田地质,1991,3(2):33-37.

[93] 舒龙勇,程远平,王亮,等.地质因素对煤层瓦斯赋存影响的研究[J].中国安全科学学报,2011,21(2):121-125.

[94] 李云波,谭志宏.构造煤层位对煤与瓦斯突出的影响数值分析[J].煤矿安全,2011,42(4):5-8.

[95] 朱兴珊,徐凤银.论构造应力场及其演化对煤和瓦斯突出的主控作用[J].煤炭学报,1994,19(3):304-314.

[96] 徐凤银,朱兴珊,王桂梁,等.芙蓉矿区古构造应力场及其对煤与瓦斯突出控制的定量化研究[J].地质科学,1995,30(1):71-84.

[97] 安鸿涛,孙四清,陈志胜,等.大兴矿地质条件对煤与瓦斯突出的影响[J].煤炭科学技术,2008,36(9):47-49.

[98] 韩军,张宏伟,宋卫华,等.构造凹地煤与瓦斯突出发生机制及其危险性评估[J].煤炭学报,2011,36(1):108-113.

[99] 韩军,张宏伟,张普田.推覆构造的动力学特征及其对瓦斯突出的作用机制[J].煤炭学报,2012,37(2):247-252.

[100] 张国成,熊明富,郭卫星,等.淮南矿区井田小构造对煤与瓦斯突出的控制作用[J].焦作工学院学报(自然科学版),2003,22(5):329-333.

[101] 邵强,王恩营,王红卫,等.构造煤分布规律对煤与瓦斯突出的控制[J].煤炭学报,2010,35(2):250-254.

[102] 汪吉林，姜波，陈飞. 构造煤与应力场耦合作用对煤与瓦斯突出的控制[J]. 煤矿安全，2009，40(11)：94-97.
[103] 汪吉林，李仁东，姜波. 构造应力场对煤与瓦斯突出的控制作用[J]. 煤炭科学技术，2008，36(4)：47-50.
[104] 郭德勇，韩德馨，张建国. 平顶山矿区构造煤分布规律及成因研究[J]. 煤炭学报，2002，27(3)：249-253.
[105] 张子敏，张玉贵. 大平煤矿特大型煤与瓦斯突出瓦斯地质分析[J]. 煤炭学报，2005，30(02)：137-140.
[106] 谢劲松. 豫西"三软"煤层煤与瓦斯突出原因分析[J]. 煤矿安全，2011，42(6)：128-131.
[107] 李中州. 煤厚变化对煤与瓦斯突出危险性的影响[J]. 煤炭科学技术，2010，38(9)：65-67.
[108] 刘彦伟，陈攀，魏建平. 煤层地质构造对煤与瓦斯突出的控制作用[J]. 煤炭科学技术，2010，38(1)：24-27.
[109] 朱国维，宋韦剑，王富强. 淮南矿区潘三矿地质构造及煤与瓦斯突出特征[J]. 中国煤炭，2008，34(7)：78-81.
[110] 孟中泽，刘明举. 鹤壁矿区构造软煤分布规律及其控制因素[J]. 中国煤炭，2009，35(11)：74-77.
[111] 吴泽元. 简论煤和瓦斯突出的机理[J]. 矿业安全与环保，1976，3(3)：49-56.
[112] 渝岩. 试论煤和瓦斯突出的机理[J]. 川煤科技，1975，2(2)：1-17.
[113] 于不凡. 煤和瓦斯突出的机理概述[J]. 矿业安全与环保，1976，3(3)：56-65.
[114] 宋世钊. 用石门揭开具有煤与瓦斯突出危险煤层的几个问题[J]. 煤炭学报，1979，4(1)：61-66.
[115] 宋士钊. 我国煤和瓦斯突出研究工作的主要成果及近期的主要任务[C]//煤炭工业部煤炭科学研究院重庆研究所. 煤与瓦斯突出机理和预测预报第三次科研工作及学术交流会议论文选集. 重庆：煤炭工业部煤炭科学研究院重庆研究所，1983.
[116] 谭学术，鲜学福. 石门巷道中动力现象的变弹模光弹性实验研究及预防[M]. 重庆：重庆出版社，1986.
[117] 李贺，林柏泉，黄展博，等. 不同原岩应力方向下石门揭煤时应力与位移演化特征[J]. 煤炭科学技术，2017，45(10)：88-95.
[118] 吕秀江. 煤巷掘进影响区动态应力响应及对动力灾害影响研究[D]. 北京：

中国矿业大学(北京),2014.
[119] 马念杰,赵希栋,赵志强,等.掘进巷道蝶型煤与瓦斯突出机制猜想[J].矿业科学学报,2017,2(2):137-149.
[120] 赵志强,靳俊晓,申金超.石门揭煤中煤体塑性区跃迁特征与诱突机制[J].岩石力学与工程学报,2019,38(2):343-352.
[121] 张小千.煤矿石门揭煤突出位置巷道失稳区域特征研究[D].北京:中国矿业大学(北京),2021.
[122] ZHANG S H,TANG S H,TANG D Z,et al. The characteristics of coal reservoir pores and coal facies in Liulin district,Hedong coal field of China[J]. International journal of coal geology,2010,81(2):117-127.
[123] 宋董军,妥进才,王晔桐,等.富有机质泥页岩纳米级孔隙结构特征研究进展[J].沉积学报,2019,37(6):1309-1324.
[124] BUSTIN R M,BUSTIN A M M,CUI X,et al. Impact of shale properties on pore structure and storage characteristics[C]. All Days. November 16-18,2008. Fort Worth,Texas,USA. SPE,2008.
[125] 霍多特.煤与瓦斯突出[M].宋士钊,等译.北京:中国工业出版社,1966.
[126] Dubinin M M. Porous structure of adsorbents and catalysts[J]. Advances in Colloid and Interface Science,1968,2(2):217-235.
[127] SING K S W. Reporting physisorption data for gas/solid systems with special reference to the determination of surface area and porosity (Recommendations 1984)[J]. Pure and applied chemistry,1985,57(4):603-619.
[128] GAN H,NANDI S P,WALKER P L JR. Nature of the porosity in American coals[J]. Fuel,1972,51(4):272-277.
[129] 煤炭科学院抚顺研究所,淮南矿业学院.煤层烃类气体组分与煤岩煤化关系的研究[R].抚顺:抚顺煤炭科学研究所,1985.
[130] 吴俊,金奎励,童有德,等.煤孔隙理论及在瓦斯突出和抽放评价中的应用[J].煤炭学报,1991,16(3):86-95.
[131] 杨思敬,杨福蓉,高照祥.煤的孔隙系统和突出煤的孔隙特征[C]//中国矿业大学.第二届国际采矿科学技术讨论会论文集.徐州:中国矿业大学出版社,1991.
[132] 秦勇,徐志伟,张井.高煤级煤孔径结构的自然分类及其应用[J].煤炭学报,1995,20(3):266-271.
[133] 傅雪海,秦勇,张万红,等.基于煤层气运移的煤孔隙分形分类及自然分类

研究[J]. 科学通报,2005,50(增刊 1):51-55.
[134] 桑树勋,朱炎铭,张时音,等. 煤吸附气体的固气作用机理(Ⅰ):煤孔隙结构与固气作用[J]. 天然气工业,2005,25(1):13-15.
[135] SANG S X,LIU H H,LI Y M,et al. Geological controls over coal-bed methane well production in southern Qinshui Basin[J]. Procedia earth and planetary science,2009,1(1):917-922.
[136] 中华人民共和国国家发展和改革委员会. 煤裂隙描述方法:MT/T 968—2005[S]. 北京:煤炭工业出版社,2006.
[137] 张慧,王晓刚,员争荣,等. 煤中显微裂隙的成因类型及其研究意义[J]. 岩石矿物学杂志,2002,21(3):278-284.
[138] 李玲,姚海鹏,李正,等. 二连盆地低阶煤储层物性特征及评价体系研究[J]. 中国煤炭,2019,45(4):43-51.
[139] 刘世奇,王鹤,王冉,等. 煤层孔隙与裂隙特征研究进展[J]. 沉积学报,2021,39(1):212-230.
[140] LIU S Q,SANG S X,WANG G,et al. FIB-SEM and X-ray CT characterization of interconnected pores in high-rank coal formed from regional metamorphism[J]. Journal of petroleum science and engineering,2017,148:21-31.
[141] LIU S Q,SANG S X,LIU H H,et al. Growth characteristics and genetic types of pores and fractures in a high-rank coal reservoir of the southern Qinshui Basin[J]. Ore geology reviews,2015,64:140-151.
[142] 王生维,陈钟惠,张明. 煤基岩块孔裂隙特征及其在煤层气产出中的意义[J]. 地球科学:中国地质大学学报,1995,20(5):557-561.
[143] ZHOU F B,LIU S Q,PANG Y Q,et al. Effects of coal functional groups on adsorption microheat of coal bed methane[J]. Energy & fuels,2015,29(3):1550-1557.
[144] 王生维,侯光久,张明,等. 晋城成庄矿煤层大裂隙系统研究[J]. 科学通报,2005,50(增刊 1):38-44.
[145] 桑树勋,刘世奇,王文峰,等. 深部煤层 CO_2 地质存储与煤层气强化开发有效性理论及评价[M]. 北京:科学出版社,2020.
[146] 张力,何学秋,聂百胜. 煤吸附瓦斯过程的研究[J]. 矿业安全与环保,2000,27(6):1-2.
[147] 聂百胜,段三明. 煤吸附瓦斯的本质[J]. 太原理工大学学报,1998,29(4):417-421.

[148] 降文萍,崔永君,张群,等.煤表面与 CH_4、CO_2 相互作用的量子化学研究[J].煤炭学报,2006,31(2):237-240.
[149] 黄醒春.岩石力学[M].北京:高等教育出版社,2005.
[150] PATERSON M S. Experimental deformation and faulting in wombayan marble[J]. Geological society of America bulletin,1958,69(4):456-476.
[151] 葛修润,刘建武.加锚节理面抗剪性能研究[J].岩土工程学报,1988,(1):8-19.
[152]《工程地质手册》编委会.工程地质手册 [M].5 版.北京:中国建筑工业出版社,2024.
[153] 张梦涛,潘一山,梁冰,等.煤岩流体力学[M].北京:科学出版社,1995.
[154] 周世宁,林柏泉.煤层瓦斯赋存与流动理论[M].北京:煤炭工业出版社,1999.
[155] 蔡美峰.岩石力学与工程[M].北京:科学出版社,2002.
[156] 包剑影.阳泉煤矿瓦斯治理技术[M].北京:煤炭工业出版社,1996.
[157] 陈国宝,黄长辉.芙蓉煤矿地质构造特征及其对矿井瓦斯突出的影响[J].煤炭技术,2002,21(9):70-71.
[158] 周克友.江苏省矿井瓦斯与地质构造关系分析[J].焦作工学院学报,1998,17(4):269-271.
[159] 黄德生.地质构造控制煤与瓦斯突出的探讨[J].地质科学,1992,37(增刊1):201-207.
[160] 徐学锋.地质构造对煤与瓦斯突出的影响研究[D].阜新:辽宁工程技术大学,2004.
[161] 苗彦平,郑旭鹤,王宏梁,等.地质构造因素对煤与瓦斯突出的影响[J].科技导报.2024,42(2):111-119.
[162] 王俊鹏.平顶山矿区近构造区域煤与瓦斯突出规律数值模拟研究[D].焦作:河南理工大学,2014.
[163] 安欧.构造应力场[M].北京:地震出版社,1992.
[164] 于不凡.煤矿瓦斯灾害防治及利用技术手册[M].北京:煤炭工业出版社,2000.
[165] TURCOTTE D L,SCHUBERT G. Geodynamics:applications of continuum physics to geological problems[M]. New York:Wiley,1982.
[166] BOWIN C,SCHEER E,SMITH W. Depth estimates from ratios of gravity,geoid,and gravity gradient anomalies[J]. Geophysics,1986,51(1):123-136.

[167] 张赤军，操华胜，罗少聪. 由地面、卫星重力资料研究岩石层密度[J]. 地球物理学报，1988，31(6)：664-671.

[168] 方剑. 利用卫星重力数据计算地球内部密度异常[J]. 地球物理学进展，1994，9(3)：60-65.

[169] 党亚民，杨强，曹学伟. 地壳内构造应力的分布研究[J]. 大地测量与地球动力学，2009，29(2)：4-6.

[170] 于不凡. 煤和瓦斯突出与地应力的关系[J]. 工业安全与防尘，1985，11(3)：2-6.

[171] 程伟. 煤与瓦斯突出危险性预测及防治技术[M]. 徐州：中国矿业大学出版社，2003.

[172] 闫江伟，张小兵，张子敏. 煤与瓦斯突出地质控制机理探讨[J]. 煤炭学报，2013，38(7)：1174-1178.

[173] 张玉贵. 构造煤演化与力化学作用[D]. 太原：太原理工大学，2006.

[174] 袁崇孚. 构造煤和煤与瓦斯突出[J]. 煤炭科学技术，1986，14(01)：32-33.

[175] BEAMISH B B，CROSDALE P J. Instantaneous outbursts in underground coal mines：an overview and association with coal type[J]. International journal of coal geology，1998，35(1/2/3/4)：27-55.

[176] 于不凡. 谈煤和瓦斯突出机理[J]. 煤炭科学技术，1979，7(8)：34-42.

[177] BRADY B T. Theory of earthquakes：Ⅰ. A scale independent theory of rock failure[J]. Pure and applied geophysics，1974，112(4)：701-725.

[178] BRADY B T. Theory of earthquakes：Ⅱ. Inclusion theory of crustal earthquakes[J]. Pure and applied geophysics，1975，113(1)：149-168.

[179] BRADY B T. Theory of earthquakes—Ⅳ. General implications for earthquake prediction[J]. Pure and applied geophysics，1976，114(6)：1031-1082

[180] RICE J R. The theory of precursory procession in the inception of earthquake rupture[J]. Gerlands beitr geophysik，1979，88(2)：91-127.

[181] 陈颙. 地壳岩石的力学性能：理论基础与实验方法[M]. 北京：地震出版社，1988.

[182] 梅世蓉. 地震前兆场物理模式与前兆时空分布机制研究(一)：坚固体孕震模式的由来与证据[J]. 地震学报，1995，17(3)：273-282.

[183] 许昭永，王彬，赵晋明，等. 含硬包体试样破裂特征的实验研究[J]. 地震学报，1997，19(1)：79-85.

[184] 唐春安，傅宇方，赵文. 震源孕育模式的数值模拟研究[J]. 地震学报，

1997,19(4):2-11.

[185] TANG C A,KAISER P K. Numerical simulation of cumulative damage and seismic energy release during brittle rock failure—part Ⅰ:fundamentals[J]. International journal of rock mechanics and mining sciences,1998,35(2):113-121.

[186] KAISER P K,TANG C A. Numerical simulation of damage accumulation and seismic energy release during brittle rock failure—part Ⅱ:rib pillar collapse[J]. International journal of rock mechanics and mining sciences,1998,35(2):123-134.

[187] 于不凡. 煤和瓦斯突出机理[M]. 北京:煤炭工业出版社,1985:269-273.

[188] 张红日,曲有刚,郑志勇. 含瓦斯包的回采工作面煤与瓦斯突出的数值分析[C]//李增学. 矿井地质与资源环境:2004 年全国矿井地质学术会议论文集. 北京:地质出版社,2004.

[189] 裴常心,姚建,田冬梅,等. 煤与瓦斯突出气球模型理论探讨[J]. 煤矿安全,2009,40(6):76-78.

[190] 张春华,张卫亮,王继仁. 硬质体构造对煤层瓦斯流动的力学控制效应[J]. 重庆大学学报,2014,37(9):113-118.

[191] 徐涛,杨天鸿,唐春安,等. 含瓦斯煤岩破裂过程固气耦合数值模拟[J]. 东北大学学报,2005,26(3):293-296.

[192] XU T,TANG C A,YANG T H,et al. Numerical investigation of coal and gas outbursts in underground collieries[J]. International journal of rock mechanics and mining sciences,2006,43(6):905-919.

[193] 张国伟,张本仁,袁学诚,等. 秦岭造山带与大陆动力学[M]. 北京:科学出版社,2001.

[194] 马杏垣. 中国地质历史过程中的裂陷作用[C]//国家地震局地质研究所. 现代地壳运动研究. 北京:地震出版社,1985.

[195] 李万程. 重力滑动构造的成因类型[J]. 煤田地质与勘探,1995,23(1):19- 24.

[196] 张子敏,张玉贵. 大平煤矿特大型煤与瓦斯突出瓦斯地质分析[J]. 煤炭学报,2005,30(2):137-140.

[197] 王恩义. 地质构造突出机理研究[J]. 河南理工大学学报(自然科学版),2005,24(3):181-185.